南美奥连特盆地隐蔽油藏高效滚动勘探开发技术与实践

王光付 孙建芳 李发有 等著

石油工业出版社

内 容 提 要

本书以厄瓜多尔 14 和 17 区隐蔽油藏滚动勘探开发为切入点，系统阐述了奥连特盆地石油地质特征、前渊带沉积体系特征、隐蔽油藏类型及特征、隐蔽油藏滚动勘探开发关键技术及实践，希望能够对国内外类似的隐蔽油藏勘探开发提供借鉴。

本书可供石油院校的石油地质、地球物理、油藏工程等专业师生参考；书中的关键技术方法可供油田勘探和开发技术人员参考及培训之用。

图书在版编目（CIP）数据

南美奥连特盆地隐蔽油藏高效滚动勘探开发技术与实践 / 王光付等著 . — 北京：石油工业出版社，2025.1
ISBN 978-7-5183-6317-9

Ⅰ.①南… Ⅱ.①王… Ⅲ.①前陆盆地 – 油气勘探 – 南美洲 Ⅳ.① P618.130.677

中国国家版本馆 CIP 数据核字（2023）第 171251 号

出版发行：石油工业出版社
（北京安定门外安华里 2 区 1 号　100011）
网　　址：www.petropub.com
编辑部：（010）64523544
图书营销中心：（010）64523633
经　销：全国新华书店
印　刷：北京中石油彩色印刷有限责任公司

2025 年 1 月第 1 版　2025 年 1 月第 1 次印刷
787×1092 毫米　开本：1/16　印张：8.5
字数：200 千字

定价：100.00 元
（如出现印装质量问题，我社图书营销中心负责调换）
版权所有，翻印必究

前言
PREFACE

安第斯造山带前陆盆地群位于科迪勒拉山系东侧，从北到南贯穿整个南美洲，包括16个盆地，奥连特盆地是其中的大型含油气盆地之一。奥连特盆地自西向东划分为西部褶皱逆冲带、中部前渊带和东部斜坡带，主要含油层系为中生界白垩系Hollin组砂岩和Napo组M1段、U段和T段（简称M1、U和T）砂岩，U段和T段进一步细分为UU和LU亚段、UT和LT亚段，东部斜坡带发育（断）背斜构造油藏，西部褶皱逆冲带油藏零星分布，中部前渊带发育构造油藏以及低幅度构造、岩性—构造、岩性和水动力等隐蔽油藏。

厄瓜多尔14和17区块位于奥连特盆地中部前渊带，主要含油层系为M1段、U段的LU亚段、T段的LT亚段和UT亚段砂岩，区块内已开发油田整体处于中高含水阶段，产量递减快，原油稳产和储量接替面临挑战。自2006年起，笔者及研究团队持续开展该区块勘探开发技术支撑，研究过程中面临以下诸多疑惑：

如1994年在Kupi探区完钻的KP01井钻遇M1砂岩3.6m，油层有效厚度2.6m，初期日产油2186bbl，从而发现了Kupi油田。同年在KP01井周边1.5km范围内，针对目的层M1相继部署完钻的KP02井未钻遇到砂体、KP03井钻遇1m砂岩并解释为干层。当时勘探评价认为KP01井M1砂岩含油范围有限，不具备规模开发的潜力，导致该区M1砂岩油藏勘探开发工作长期停滞不前。截至2016年，KP01井长期稳产500bbl/d左右，含水缓慢上升，累计产油$61×10^4$t。KP01井高产稳产的原因和M1砂岩油藏分布的主控因素不清楚，尤其是如何准确预测3000m埋深且厚度仅2~5m的M1砂岩。

1998年，在盆地中部前渊带Auca大型背斜构造南端的Tapir探区，部署探井T01评价目的层LU和LT亚段构造圈闭含油气潜力，测试后均为水层，但在M1钻遇1.3m砂岩油层，说明该区目的层系多，油气分布规律复杂，可能受构造、地层、岩性等多重因素控制。

Horm和Horm-S为两个相邻的低幅度背斜构造油田，2006年开发过程中发现LU亚段砂岩油藏有多口井原始油水界面不一致，油田的含油边界范围难以确定。

TN油田UT亚段岩性主要为富含海绿石的石英砂岩，其储层电阻率低于围岩电阻率，测井解释为油水同层、含油水层或干层，2017年TN17井UT亚段测试获日产油577bbl，为纯油层，从而在UT亚段发现了低电阻率油层。然而UT亚段低电阻率油层的形成机制不同，如何准确识别。

厄瓜多尔 14 和 17 区块位于南美亚马孙热带雨林地表，其地下隐蔽油藏类型多样，单个油藏石油地质储量规模小且分布零散，产能建设成本高，如何实现经济有效开发。

带着上述疑惑和挑战，技术团队开展了长期的研究工作，主要包括三方面：一是持续深化区域地质研究。系统开展了区域构造体系、局部低幅度构造特征、Napo 组 M1、U 和 T 等主力产油层段沉积相和微相，以及储层物性和含油性特征研究；明确了主力含油层系为潮控三角洲沉积的高孔高渗潮汐水道砂岩，油藏分布受低幅度构造、岩性、岩性—构造、水动力，以及海绿石赋存结构等多种因素控制。二是持续开展近油田滚动勘探开发关键技术攻关。基于趋势面驱动的叠后地震数据连片一致性处理、时—频衰减高精度合成记录标定和解释及各向异性变速成图，精细刻画了低幅度构造，发现了一批低幅度构造油藏；采用分频迭代去噪拾取薄层弱反射系数，重构叠后宽频有效信号为约束，开展相控波形非线性反演，定量预测了埋深 3000m 的 2~5m 厚潮汐水道砂岩，发现了多个 M1 超薄层岩性油藏；依据区域水动力条件，分析低幅度构造油藏油—水界面变化趋势及能量特征，明确了 LU 亚段水动力油藏特征并实现滚动扩边；通过观察大量岩心薄片，发现海绿石在石英砂岩储层中呈胶结物和颗粒两种赋存状态，建立了测井解释海绿石双组构体积模型，落实了 UT 亚段低电阻率油藏开发潜力。三是建立了适合热带雨林地表和隐蔽油藏特点的滚动勘探开发策略。采取"整体部署、分批实施、跟踪评价、及时调整"的策略，实现滚动勘探、评价和快速建产。2016 年以后，厄瓜多尔 14 和 17 区块探井和评价井成功率大于 90%，开发井成功率 100%，实现储量替代率大于 100%，原油年产量持续稳产在 $50×10^4$t 以上。

厄瓜多尔 14 和 17 区块隐蔽油藏滚动勘探开发经济和社会效益显著，是我国海外上游油气项目中资企业成功运营案例之一，是历届中国石化石油勘探开发研究院安第斯技术支撑团队和厄瓜多尔安第斯公司管理团队共同奋斗的成果，在此表示衷心感谢！

本书共分五章，全书由王光付、孙建芳、李发有等编写，负责全书的构思和修改。第一章由丁峰、孔凡军、胡泉等编写；第二章由李发有、丁峰、王光付等编写；第三章由孙钰、王光付、陈诗望等编写；第四章由王光付、徐海、吴洁、陈诗望、叶双江、李发有、冯玉良等编写；第五章由孙建芳、李发有、陈诗望、徐海、叶双江、刘亚平、万学鹏、冯玉良、王光付等编写；全书由王光付统稿。

由于编写人员水平有限，书中难免存在问题和不足之处，敬请读者批评指正。

目录 CONTENTS

第一章　奥连特盆地石油地质特征 ··· 1
  第一节　盆地概况 ·· 1
    一、区域地质概况 ·· 1
    二、勘探开发历程 ·· 3
  第二节　构造特征 ·· 4
    一、安第斯造山带 ·· 4
    二、前陆盆地 ·· 4
  第三节　地层特征 ·· 6
    一、前白垩系裂谷地层 ·· 6
    二、白垩系热沉降地层 ·· 6
    三、新生界 ··· 9
  第四节　生储盖特征 ·· 10
    一、烃源岩 ··· 10
    二、主要储层 ·· 12
    三、盖层 ·· 13
  参考文献 ·· 13

第二章　奥连特盆地隐蔽油藏类型 ·· 15
  第一节　油气分布规律 ··· 15
    一、区域油气分布 ··· 15
    二、目标区油气分布 ·· 18
  第二节　油气富集控制因素 ·· 20
    一、盆地油气富集控制因素 ·· 20
    二、目标区油气富集控制因素 ··· 22
  第三节　隐蔽油藏类型 ··· 22
    一、盆地主要油藏类型 ··· 22
    二、目标区隐蔽油藏类型 ·· 23
  参考文献 ·· 26

第三章　奥连特盆地 Napo 组沉积特征 ... 27
第一节　M1 段沉积相及沉积模式 ... 27
一、古地貌和物源 ... 27
二、岩石学特征 ... 31
三、沉积微相 ... 33
四、沉积模式 ... 43
第二节　LU 亚段沉积相及沉积模式 ... 45
一、古地貌和物源 ... 45
二、岩石学特征 ... 46
三、沉积微相 ... 48
四、沉积模式 ... 51
第三节　Napo 组沉积模式 ... 54
一、沉积模式 ... 54
二、沉积体系 ... 54
参考文献 ... 56

第四章　隐蔽油藏滚动勘探开发关键技术 ... 58
第一节　海绿石石英砂岩测井评价技术 ... 58
一、海绿石石英砂岩低电阻率油层成因 ... 58
二、海绿石石英砂岩测井评价方法 ... 59
第二节　低幅度构造识别技术 ... 67
一、趋势面驱动的叠后地震连片处理 ... 67
二、低幅度构造精细解释与变速成图 ... 71
三、低幅度构造识别 ... 76
第三节　超薄砂岩地球物理预测技术 ... 81
一、宽频地震信号处理技术 ... 82
二、宽频地震相控波形反演 ... 94
第四节　水动力油藏识别技术 ... 100
一、水动力油藏成因 ... 100
二、水动力油藏判别方法及应用 ... 101
第五节　隐蔽油藏滚动勘探开发策略 ... 103
一、圈闭评价优选 ... 103
二、基于神经网络的单井产能预测方法 ... 104
三、热带雨林隐蔽油藏滚动勘探开发策略 ... 108
参考文献 ... 110

第五章　隐蔽油藏滚动勘探开发实践 ... 113
第一节　低幅度构造—超薄层岩性油藏滚动勘探开发 ... 113
第二节　多层系多种类型隐蔽油藏滚动勘探开发 ... 120
参考文献 ... 128

第一章 奥连特盆地石油地质特征

第一节 盆地概况

一、区域地质概况

奥连特（Oriente）盆地面积约 $10×10^4 km^2$，是厄瓜多尔最主要的含油气盆地，其西临南美洲科迪勒拉造山带，东临圭亚那地盾，北接哥伦比亚普图马约（Putumayo）盆地，南接秘鲁马拉依（Maranon）盆地，3个盆地共同组成一个次安第斯（Sub-Andes）前陆盆地群[1-4]（图1-1）。

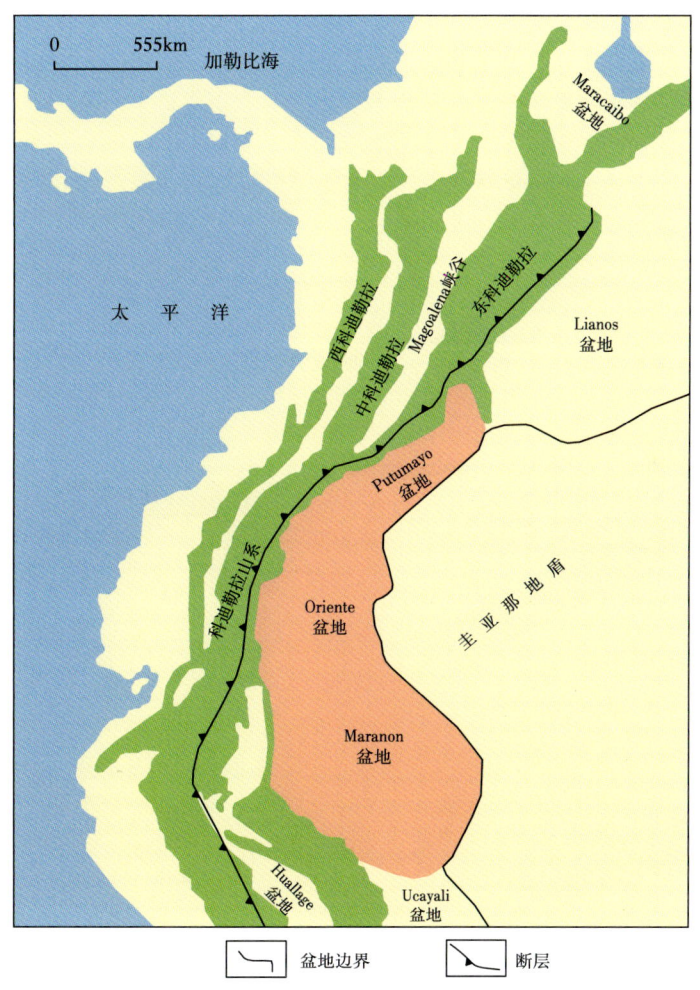

图 1-1　奥连特盆地地理位置图

奥连特盆地区域构造属于次安第斯前陆盆地体系的重要组成部分，自委内瑞拉向南延伸至阿根廷约 6400km，东侧为前寒武纪（巴西—圭亚那）地盾，西侧为活动的安第斯岩浆弧和冲断/褶皱带[5]。

奥连特盆地基底为前寒武系火成岩和变质岩，古生代早期为被动陆缘盆地，晚古生代以来受西边太平洋洋壳 Nazca 板块向东俯冲的持续影响，经历了晚古生代—中生代侏罗纪弧后同裂谷期、白垩纪裂谷后热沉降期和晚白垩纪—新生代前陆盆地 3 个演化阶段（图 1-2）[6]。晚古生代裂谷期发育弧后拉张背景下的陆相裂谷盆地，由于目前埋深较大，研究相对较少。白垩纪裂谷后热沉降期是盆地含油气系统最重要的沉积期，与油气成藏关系最紧密。晚白垩世—新生代的前陆阶段，受安第斯褶皱造山挤压作用控制，早期的正断层发生反转和走滑[7-8]，是盆地低幅度含油气构造形成的主要动力学机制。

前陆阶段形成了盆地西陡东缓、西部褶皱推覆东部斜坡走滑的构造面貌。同时，受盆地南北段前陆挤压差异演化影响，北部沉降幅度小，以反转构造发育为特征，基本保留了热沉降期的构造面貌；南部沉降幅度较大，盆地中心形成前陆盆地更典型的大幅沉降和厚层沉积的前渊带。

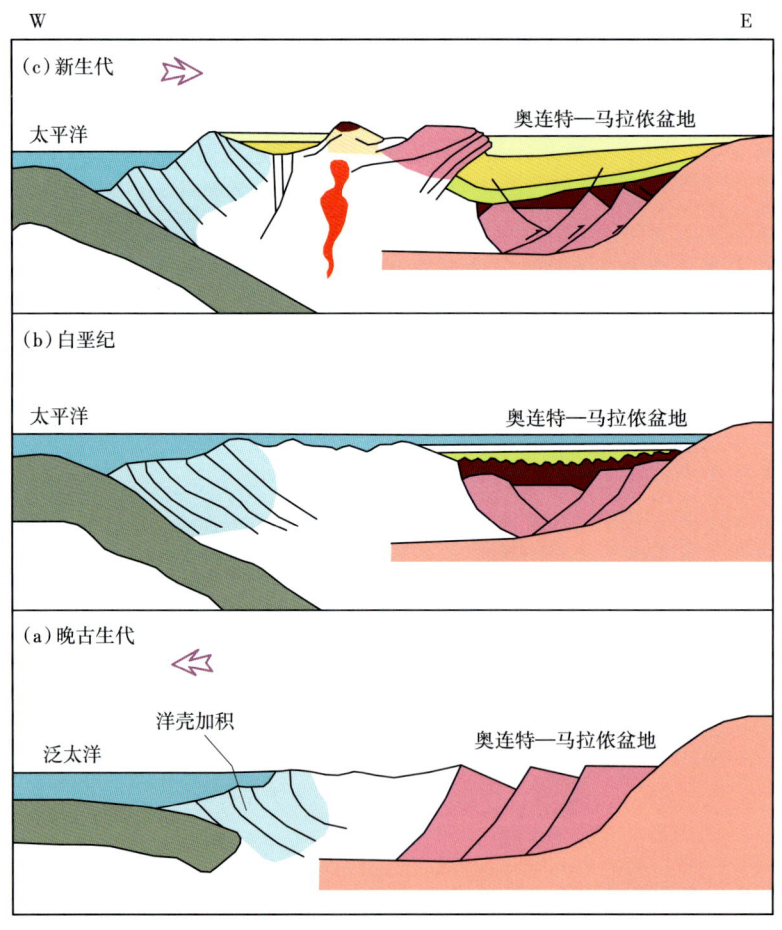

图 1-2　奥连特—马拉依盆地演化图（据文献[6]，修编）

奥连特盆地在白垩纪裂谷后热沉降期为海陆过渡相沉积体系，以碎屑岩为主，发育Hollin组和Napo组T段、U段、M1段4套主要砂岩含油层系。Hollin组为河流相沉积，砂岩厚度较大，全盆地广泛发育，为油气运移重要的输导层。T段、U段、M1段为3套海进沉积旋回，盆地东部以水下河口湾和水下三角洲前缘等沉积体系为主，向西为前三角洲、河口湾远端和陆棚沉积[9-10]。

盆地主力烃源岩为Napo组页岩，发育于南北两个生烃中心，埋深较大，仍处于生油窗内，南部生烃中心距离研究区约100km。区域大型断裂和连续分布的砂体组合是油气大规模长距离运移的主要输导体系，相对连续的Hollin组砂岩和Napo组T段砂岩可有效沟通生烃灶，近南北走向的区域反转断裂系统及其长轴断背斜控制了主要油气运移的方向。M1段上覆沉积稳定的Tena组页岩，其广泛分布，为区域性盖层。

二、勘探开发历程

1. 盆地早期勘探开发阶段

20世纪50年代，厄瓜多尔壳牌公司（Shell）在奥连特盆地钻探Tiputini 01井和Oglan 1井，在白垩系Napo组和Hollin组发现了油气显示。

20世纪60—90年代，德士古公司（Texaco Incorporated）等国际石油公司大量进入，以大型断背斜构造圈闭为勘探目标，钻探层位为白垩系Napo组和Hollin组，先后发现一批大型油田。如60年代发现的Shushufindi-Aguarico和Sacha油田，2P石油可采储量分别为$16.02×10^8$bbl❶和$14.06×10^8$bbl；70年代发现的Auca大型背斜构造油田，2P可采储量为$5.52×10^8$bbl；80年代发现的Libertador油田，2P石油可采储量为$4.47×10^8$bbl；90年代发现的Ishpingo油田，2P石油可采储量为$6.36×10^8$bbl。

2. 盆地滚动勘探阶段

2000—2010年，共有19个石油公司钻探了46口预探井，发现34个油田，其中Drago是最大的油田，其2P石油可采储量为$5200×10^4$bbl。2010—2020年，Petroamazonas和Petroproduccion石油公司完钻46口滚动勘探井，发现40个油气田，这一时期发现的最大油田是Johanna Este，其2P石油可采储量为$2100×10^4$bbl。2020年至今，累计钻探了18口滚动勘探井，主要目的层仍然为白垩系Hollin组和古新统Tena组，其中Tui 1井是最大的油气发现，2P石油可采储量为$517×10^4$bbl。总体来说，后期主要围绕近油田开展滚动勘探，并且以小规模的构造油藏和岩性油藏为目标，发现的单个油田储量规模也越来越小。

3. 盆地前渊带14和17区块勘探开发历程

早期发现阶段（1977—1988年）：基于二维地震资料，该地区在20世纪70年代累计部署探井8口，其中5口井钻遇油层或具油气显示，均因资源规模较小、无经济效益，未投入开发。其中Tapir构造的Tapir 01井钻探主要目的层M1段砂岩，试油结果证实该井M1段为差油层；Hollin组和U段、T段砂岩发育，录井未见油气显示，电测解释结果为水层，未获得商业发现。

规模发现及快速上产阶段（1988—2006年）：20世纪80年代末到90年代，该地区进入大规模勘探阶段，先后部署完钻探井和评价井19口，相继发现Wanke、Kupi、

---

❶ 1bbl=$0.159m^3$。

Nantu、Horm 和 Shiripuno-Norte 等油田。其中 Wanke 油田于 1993 年 6 月 1 日试油成功并投入开发，于 2003 年 10 月投入注水开发；Kupi 油田于 1994 年 8 月 2 日试油成功投入开发；Nantu 油田于 1995 年 12 月 16 日试油成功投入开发，并于 2003 年 2 月转入注水开发；Horm 油田于 1996 年 9 月 15 日试油成功并投入开发；2003 年加拿大 Encana 公司取得区块的作业权并开展二维及三维地震资料采集，覆盖了整个工区。2005 年在 Horm 油田南部发现了 Horm-S 油田并投入开发。2013 年 Shiripuno-Norte 油田试油成功并投入开发。

滚动勘探及开发综合调整阶段（2006—2023 年）：2012 年深化研究区域油气富集规律研究，结合新采集的三维地震资料处理和解释成果，先后部署 TN01 探井和 TN02 评价井，在 U、T 段等层段获得良好油气显示，测试 LU 和 LT 为纯油层，发现了 Tapir-Norte 油田（简称 TN 油田），并于当年成功投入开发，进一步证实了 Auca 油田断背斜向南延伸的低幅度构造区域为油气富集区。2014 年前后，受油价波动的影响勘探开发思路发生转变，重点围绕近油田设施开展滚动勘探开发，着重开展区域成藏规律和储层沉积特征研究，开展储层测井评价、低幅度构造精细刻画和超薄储层预测等关键技术攻关，相继在 Kupi、Nantu、TN、Horm 等油田周边滚动勘探发现 M1 段低幅度构造和超薄层岩性油藏、LU 亚段水动力油藏，老井测井复查发现了 UT 亚段海绿石石英砂岩的低电阻率油层等，并结合热带雨林复杂地表特点，制定合理的开发策略，实现了快速发现和快速建产，同时实现了储量和产量的有序接替。

第二节　构造特征

奥连特盆地由两个大的地貌构造域组成，即西缘的安第斯褶皱逆冲带和东部的前陆盆地区（图 1-3），两者的界线为一套西倾逆断层组成的断裂系统。断裂体系整体呈现北东—南西走向。

一、安第斯造山带

西缘的安第斯造山带宽 60~100km，介于西边的东科迪勒拉山系和东边的奥连特盆地前陆区之间。其克拉通基底和上覆的显生宇经历了中等—高强度的褶皱和断裂作用。该区发育 Napo 和 Cutucu 两个雁行排列的构造隆起被 Pastaza 坳陷（也称 Puyo 坳陷）分割开（图 1-3）。

安第斯造山带构造格架特征为发育大型的西倾逆冲断层，这些断层走向近南北，延伸数百千米，部分断层活动至新近纪的安第斯前陆盆地发育阶段。

大型逆冲断层的冲断方向为近东向，沿着这些断层，未发生斜向或走滑断裂活动。在安第斯造山带，发育东西或南东—北西走向的转换带，这些转换带将近南北向的大型逆冲断层错断。逆冲断层在转换带之间的断距最大，至转换带断距逐渐消失。因此，位于转换带中间的大型逆冲断层的上盘常常发育垂向幅度大的圈闭构造，下盘则发育深洼陷。

二、前陆盆地

前陆盆地呈非对称状，整体向南倾斜。在南部存在一个明显向秘鲁方向倾斜的向斜轴。前陆区发育前寒武系结晶基底，基底之上发育了一套向西增厚的显生宇沉积盖层，这些盖层仅经历了轻微的褶皱和断裂作用。前陆盆地区可进一步细分为3个构造单元：西部褶皱逆冲带、中部反转构造带（前渊带）和东部共轭走滑带（斜坡带）（图1-3）。

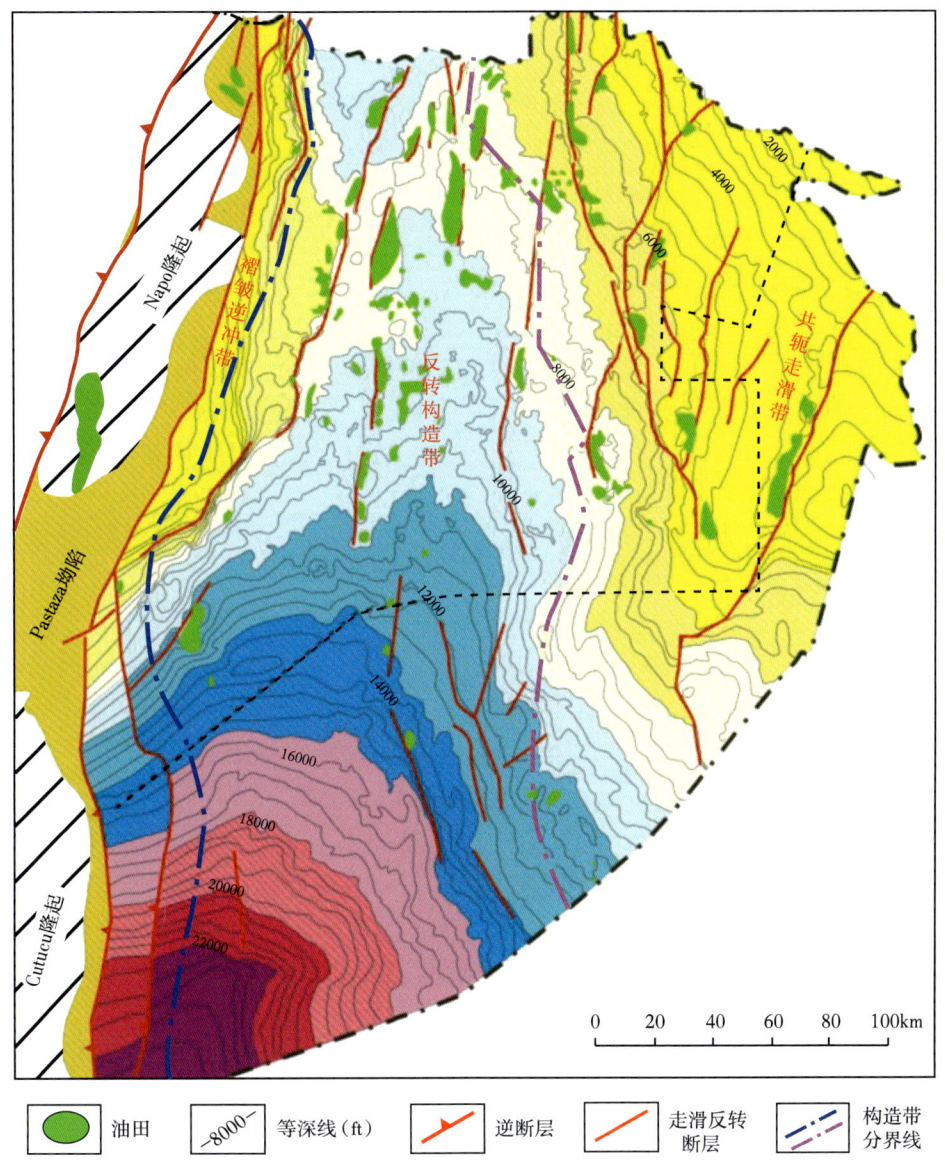

图1-3　奥连特盆地构造单元平面图

中部反转构造带（前渊带）的断层主要为近南北走向，延伸距离短，一般不超过40km，多表现为具有右旋走滑性质的高陡反转逆断层。断层往往伴生有上升盘的背斜（图1-4）。依据地震剖面推测逆断层形成的最早时间为晚白垩世土伦期—坎潘期，即东科迪勒拉山系刚刚开始隆升时期。

东部共轭走滑带（斜坡带）发育几十千米至100km以上的大断层，主要为近南北走向，类型有高陡逆断层和犁式产状正断层。

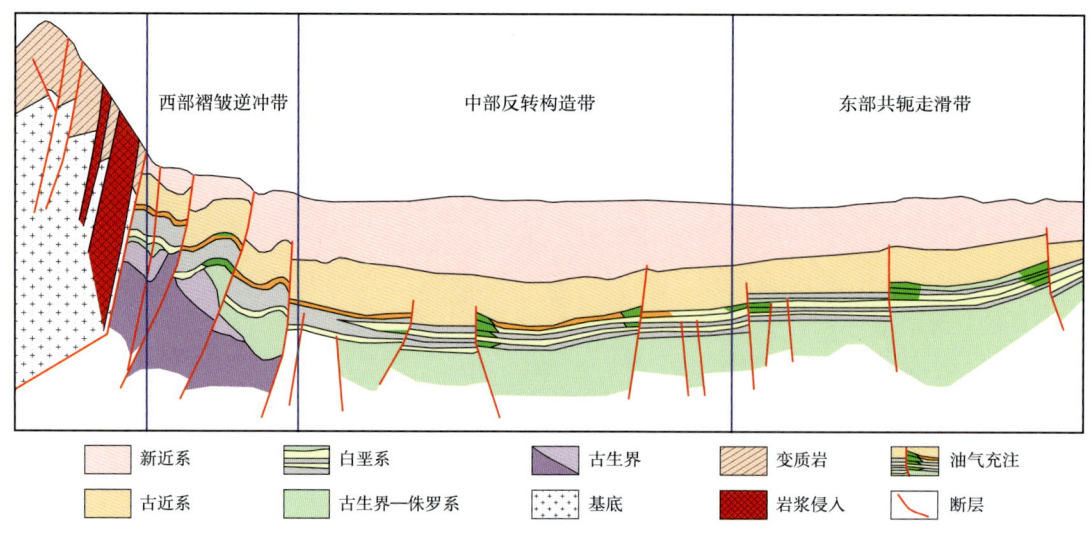

图 1-4 奥连特盆地东西向构造分带剖面图

第三节 地层特征

奥连特盆地经历了晚古生代—中生代侏罗纪弧后同裂谷期、白垩纪裂谷后热沉降期和晚白垩世—新生代前陆盆地 3 个演化阶段[11]，盆地可划分为前白垩系裂谷、白垩系热沉降和新生界前陆 3 套地层体系（图 1-5）。

一、前白垩系裂谷地层

前白垩系包括晚志留世—晚侏罗世裂谷阶段沉积的 4 套地层。第一套上志留统—下石炭统 Pumbuiza 组，是迄今盆地钻遇的最老地层，由中等变质的变形石灰岩、板岩、板状页岩和砂岩组成；第二套石炭系—二叠系 Macuna 组，为一套厚 750m 的浅海碳酸盐岩沉积，由薄层状的碳酸盐岩和页岩组成；第三套三叠系—下侏罗统 Santiago 组，由海侵薄层碳酸盐岩和黑色含沥青页岩组成，上覆海退砂岩和粉砂岩层序，仅见于厄瓜多尔 Santiago 流域及 Sacha 地区；第四套上侏罗统 Chapiza 组，由砾岩、砂岩、页岩和少量蒸发岩等组成。

二、白垩系热沉降地层

白垩系为被动大陆边缘坳陷（裂谷后热沉降）背景下的海相、海陆过渡相碎屑岩和碳酸盐岩沉积，自下而上发育 Hollin 组和 Napo 组，是奥连特盆地主要含油层系（图 1-5）。从奥连特盆地北部白垩系东西向剖面图可以看出（图 1-6），盆地北部发育巨厚的 Hollin 组砂岩，厚度 200~300ft❶；Napo 组发育 T 砂岩且厚度约 300ft，U 段、M2 段和 M1 段等砂岩较发育且厚度 50~100ft。同时盆地内部自下而上发育了 B 段、A 段、M2 段和 M1 段石灰岩等。

---

❶ 1ft≈0.305m。

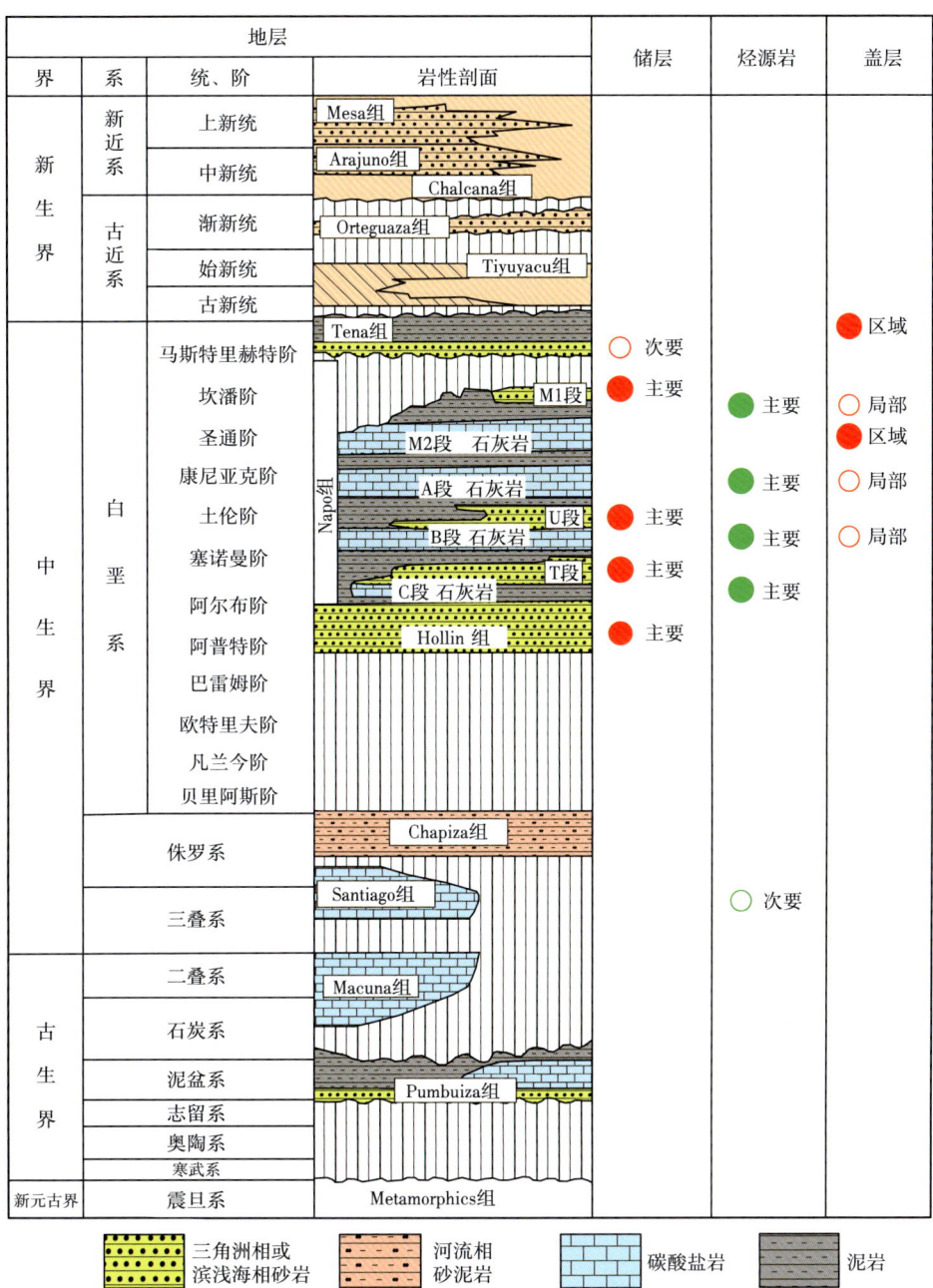

图 1-5 奥连特盆地地层综合柱状图

Hollin 组与下伏 Chapiza 组呈角度不整合接触，为均质的席状砂岩[12]，地层厚度在奥连特盆地西南部最大约 500ft，向北逐渐减薄（图 1-7）。Hollin 组沉积环境为海岸平原—浅海相，由厚层至块状的白色石英砂岩组成，含少量横向分布稳定的碳质泥岩和煤层，是西部边缘海水快速海侵的结果。

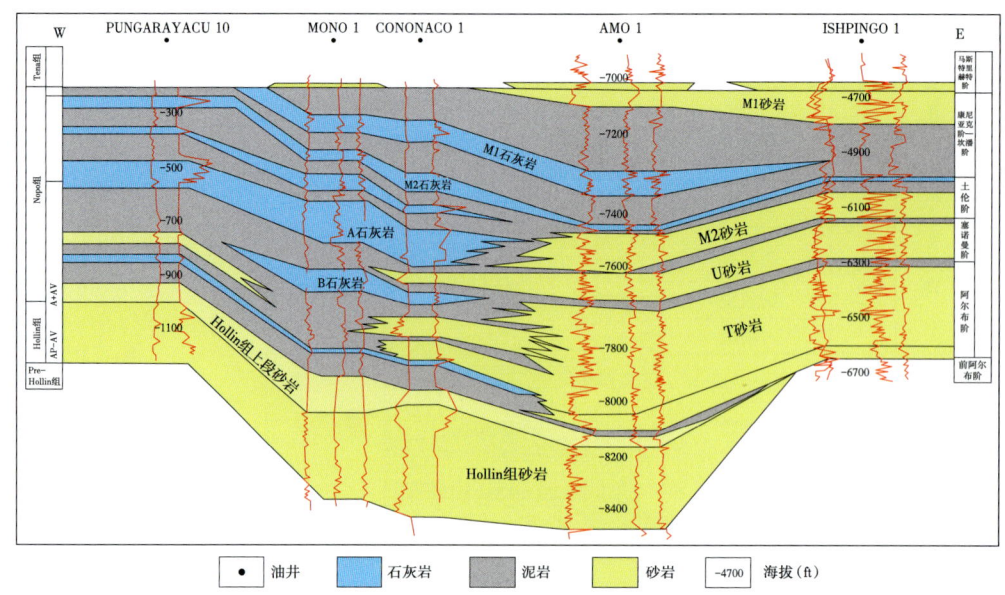

图 1-6 奥连特盆地北部白垩系东西向剖面图

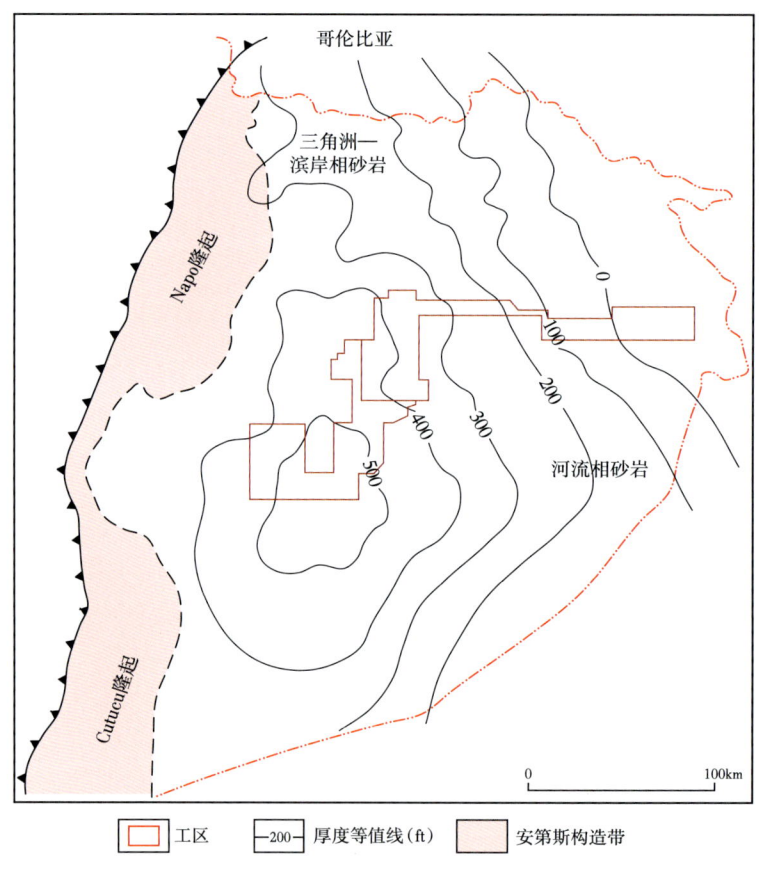

图 1-7 奥连特盆地 Hollin 组砂岩厚度图（据文献 [6]，修编）

Napo 组与下伏 Hollin 组为整合接触，地层包括多套海相泥岩、石灰岩和砂岩，地层厚度仍然在盆地西南部最大，向东北变薄（图 1-8），发育海侵期泥岩、石灰岩和海退期河流—三角洲相砂岩，沉积环境是滨浅海—海岸平原，其中富含有机质的页岩和石灰岩是盆地的主要烃源岩。Napo 组 T 段、U 段和 M1 段砂岩是盆地内最重要的储层。

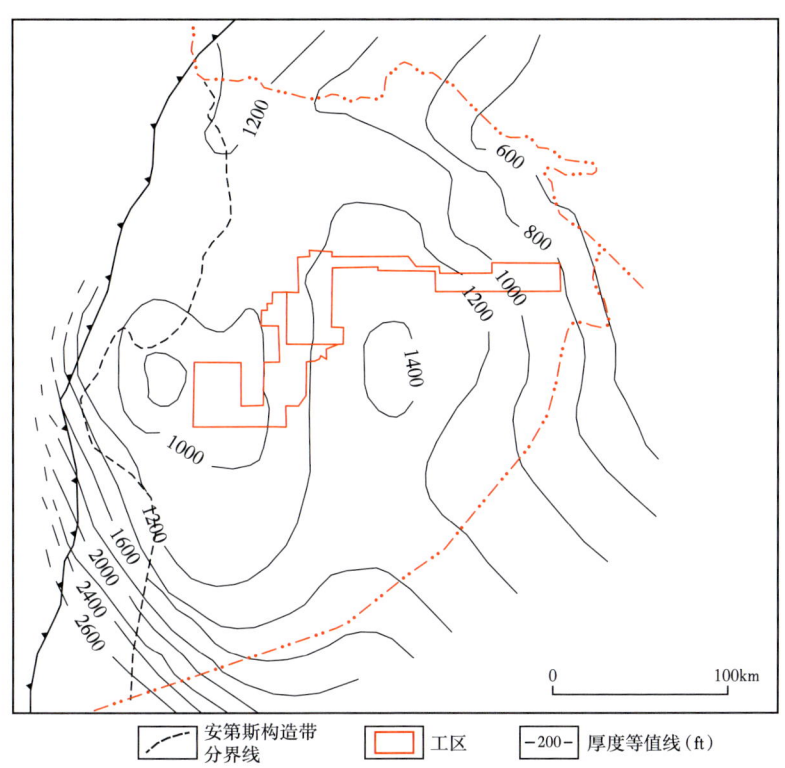

图 1-8　奥连特盆地白垩系 Napo 组厚度图（据文献 [6]，修编）

三、新生界

Tena 组为一套"红层"沉积，在盆地东部与下伏的 Napo 组为整合接触，向西则与 Napo 组不整合接触，上覆于 Napo 组顶部局部被削蚀的 M1 段砂岩、泥岩和石灰岩。该组在盆地西北部最厚，反映了白垩纪末期盆地沉降中心由南向北发生迁移（图 1-9）。Tena 组岩性由以红色为主的杂色陆相和滨海相泥岩、粉砂岩组成，局部地区其底部有 10m 左右的砂岩油气层[13]。

新生界沉积于前陆盆地发育时期，盆地南部沉积地层厚达 4000~5000 m，向北变薄至小于 1500m，由数个磨拉石层序组成。Tiyuyacu 组（始新统）覆盖于 Tena 组之上，呈角度不整合接触，地层间断明显；上覆的 Orteguaza 组（渐新统）由蓝灰色泥岩组成，偶见海绿石砂岩[14]；Chalcana 组、Arajuno 组、Chambira 组和 Mesa 组为中新统及以上地层，最厚达 3000m。

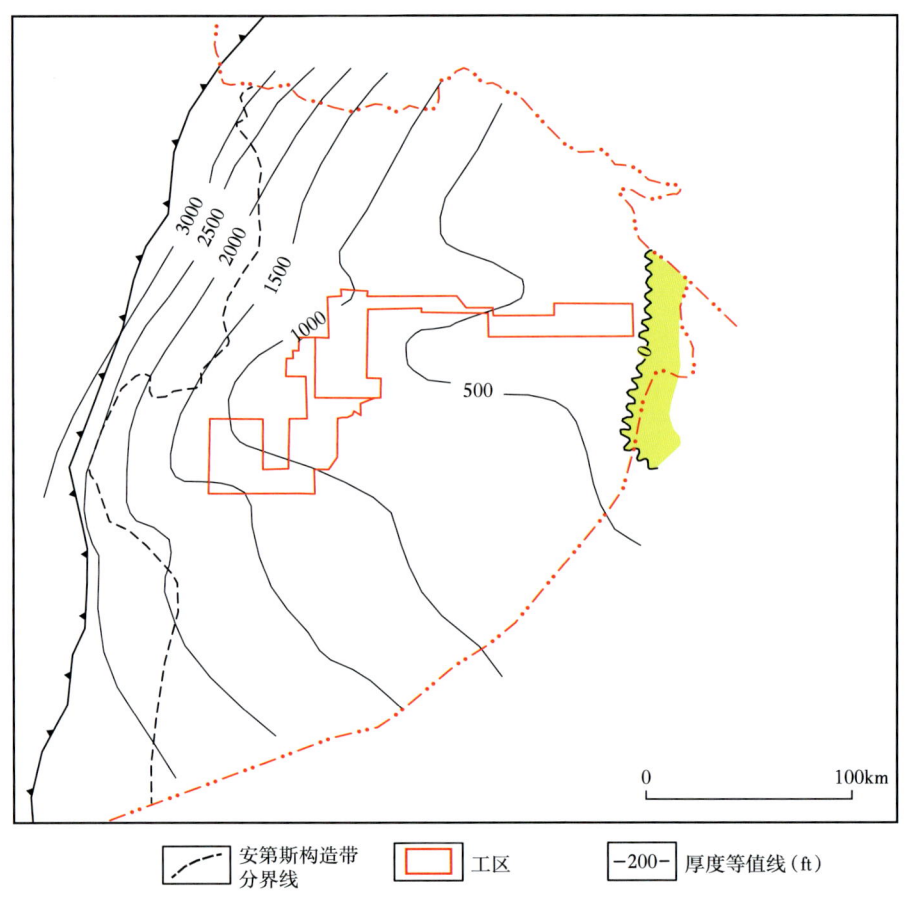

图 1-9　奥连特盆地古近系 Tena 组厚度图（据文献 [6]，修编）

第四节　生储盖特征

一、烃源岩

1. 烃源岩及有机质（TOC）

在奥连特盆地白垩系的 6 个三级层序中，每个层序均发育低位、海侵和高位体系域。盆地烃源岩主要由不同体系域内的浅海—半深海相页岩和碳酸盐岩构成，包括 C 段石灰岩、B 段石灰岩、A 段石灰岩和 Napo 组页岩（图 1-5）。奥连特盆地白垩系 Napo 组烃源岩有机质丰度自西向东逐渐降低（图 1-10），西部褶皱逆冲带 TOC 高达 8%，向东逐渐降低，东部盆地边缘 TOC 含量小于 1%，说明东部烃源岩有机质以陆相输入为主，西部烃源岩有机质以海相输入为主[15]。

2. 烃源岩有机质类型

奥连特盆地 Napo 组有机质类型自西向东受陆相影响逐渐增大。西部褶皱逆冲带有机质类型为海相生油Ⅰ型干酪根；东部为陆相生气Ⅲ型干酪根；中部为油气混合的Ⅱ型干酪根(图 1-10、图 1-11)。

根据原油性质分析认为奥连特盆地含有两种不同成因的原油:G 型原油 API 为 25°~35°,密度小、含硫量低,以海相页岩为主。F 型原油 API 小于 25°,密度大、含硫量较高,以海相碳酸盐岩为主或者遭受了生物降解作用。混源油被称为 F—G 混合型,原油密度介于前述两者之间。

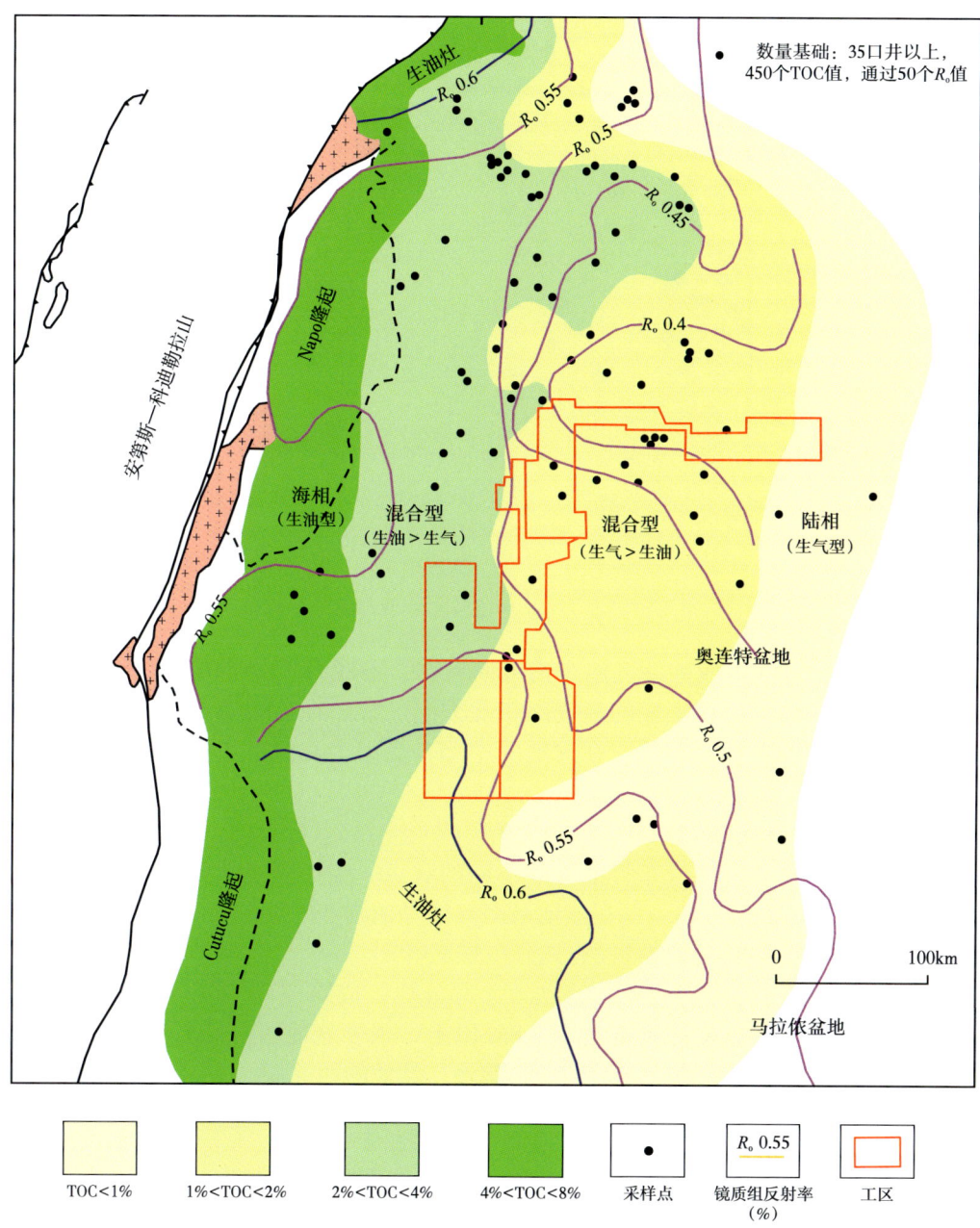

图 1-10 奥连特盆地 Napo 组烃源岩有机质分布图(据文献 [6],修编)

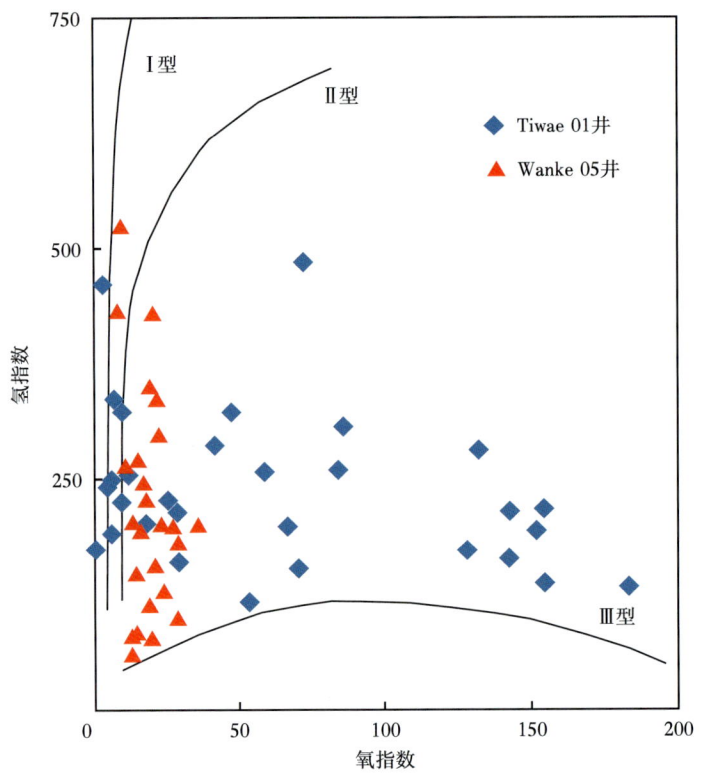

图 1-11　奥连特盆地 Tiwae 01 井和 Wanke 05 井有机质类型

盆地西北部生烃灶生成的油气向东南方向运移，形成 G 型原油的油气藏，即海相页岩为烃源岩。西南部生烃灶生成的油气向东北方向运移，在盆地南部形成 F 型原油的油气藏，即海相碳酸盐岩为烃源岩。在盆地的中部，受南、北两个生烃灶供给油气，形成 F—G 混合型油气藏。

3. 烃源岩成熟度和生烃灶

对于该烃源岩成熟度的分布特征存在不同的观点。经典观点认为，奥连特盆地沉降幅度有限，大部分地区未成熟，仅在盆地最南部沉降最剧烈的地区成熟生烃，并始于古新世。但盆地的大部分地区，目前还没有达到生烃高峰期。

盆地中部 Napo 组烃源岩在奥连特盆地大部分地区成熟度低，单井热演化模拟 R_o 为 0.6%，只有盆地西南坳陷的成熟度达到 0.8% 以上，现今盆地西南坳陷 Napo 组烃源岩已经成熟，可以作为成熟烃源岩灶开始供烃。此外，盆地的西北端，由于巨厚的上新统—更新统层系的沉积，Napo 组烃源岩埋深大，也处于生油窗内。

二、主要储层

奥连特盆地发育 5 套储层，自下而上分别为白垩系 Hollin 组及 Napo 组 T 段、U 段、M2 段和 M1 段砂岩。这 5 套储层分别发育在白垩系 5 个三级层序的低位体系域和海侵体系域（图 1-6），其中 M2 段砂岩在盆地内仅局部发育。白垩系 Napo 组是盆地最重要的储层,整体上为一套海平面逐渐上升的自西向东的二级海侵层序,内部三级层序的低位体系域自西向东发育开阔陆架—(潮控)三角洲前缘—(潮控)三角洲平原沉积体系,砂体发育。T段、U段和M1段砂岩代表3个三级层序的海岸线依次向东迁移,垂向上3套砂岩粒度逐渐变细[16-18]。盆地西部为白垩纪时期沉积沉降中心,沉积物整体变细。

1. Hollin组砂岩

Hollin组砂岩在盆地内广泛分布,西厚东薄,中西部沉积厚度大,一般为300~500ft,砂岩矿物成熟度较高,为石英砂岩,分选好,孔隙度为12%~17%,渗透率为50~800mD。钻探和测试表明,主力产层位于Hollin组顶部砂岩和中部砂岩。

2. Napo组T段砂岩

T段砂岩(简称T砂岩)主要分布于盆地的中东部,由东向西减薄,盆地东部砂岩厚度40~80m,中部厚度20~40m,至西部逆冲带逐渐减薄至10m。T砂岩储层物性较好,孔隙度为12%~25%,渗透率为15~5000mD。

3. Napo组U段砂岩

U段砂岩(简称U砂岩)主要分布于盆地的东北部,向西减薄,为三角洲—滨浅海相沉积体系。东北部砂岩净厚度30~60m,物源主要来自东部。其中LU亚段砂岩是主力产层,砂体主要为潮汐水道沉积,或河口湾的潮控河道与潮控沙坝微相水下浅滩及潮汐水道间的混合坪沉积。LU亚段砂岩孔隙度为14%~24%,平均为16.7%,渗透率主要分布在100~5000mD。

4. Napo组M1段砂岩

M1段砂岩(简称M1砂岩)厚度薄,横向变化快,主要分布于盆地的东部[19],向西部变薄。砂岩粒度以中细粒为主,次棱角状—次圆状,中等分选,石英含量84%~96%,平均90%,长石含量1%,方解石含量平均2%,杂基含量平均7%,主要为黏土,轻度泥质胶结,成分成熟度高。M1砂岩储层物性好,孔隙度一般为15%~25%,渗透率一般为1000~10000mD。

三、盖层

奥连特盆地不同的含油层系均具有良好的盖层条件,其中Tena组发育的页岩和Napo组广泛分布的M2石灰岩均为区域型盖层,Napo组的M1段顶部页岩、U砂岩之上的A段石灰岩、T砂岩之上的B段石灰岩均为局部盖层,Hollin组上部的页岩和褐煤也为局部盖层(图1-5)。

参考文献

[1] Aleman A M.Structural styles of Subandean fold and thrust belt of Peru and southern Ecuador [J]. AAPG Bulletin, 1988, 72(2): 154.

[2] Aleman A M, Marksteiner R M. Mesozoic and Cenozoic tectonic evolution of the Maranon Basin in southeastern Colombia, eastern Ecuador and northeastern Peru[J]. AAPG Bulletin, 1993, 77(2): 301.

[3] Baby P, Rivadeneira M, Barragán R.Thick-skinned tectonics in the Oriente foreland basin of Ecuador[M]// Nemčok M, Mora A R, Cosgrove J W. Thick-skin-dominated orogens: fromInitial inversion to full

accretion. London: Special Publications, Geological Society, 2013: 59-76.

[4] Hugo B, Silvestro J, Conforto G, et al. Recognition of tectonic events in the conformation of structural traps in the eastern Orient basin, Ecuador[C]. Salt Lake: AAPG Annual Convention, 2003.

[5] Martin-Gombojav N, Winkler W. Recycling of Proterozoic crust in the Andean Amazon foreland of Ecuador: implications for orogenic development of the Northern Andes[J]. Blackwell Science, 2008, 20(1): 22-31.

[6] Dashwood M F, Abbotts I L. Aspects of the petroleum geology of the Oriente Basin, Ecuador, Clastic Petroleum Provinces[M]. London: Geological Society, Special Publications, 1990: 89-117.

[7] Marocco R, Lavenu A, Baudino R. Intermontane Late Paleogene Neogene basins of the Andes of Ecuador and Peru, sedimentologic and tectonic characteristics, petroleum basins of Southe America[C]// AAPG Memoir 62, 1995: 597-613.

[8] Gutiérrez E G, Horton B K, Vallejo C, et al. Provenance and geochronological insights into Late Cretaceous-Cenozoic foreland basin development in the Subandean Zone and Oriente Basin of Ecuador[M]. Andean: Andean Tectonics, 2019: 237-268.

[9] Christophoul F, Baby P, Dávila C. Stratigraphic responses to a major tectonic event in a foreland basin: the Ecuadorian Oriente Basin from Eocene to Oligocene times[J]. Tectonophysics, 2002, 345: 281-298.

[10] Macellari C E. Cretaceous paleogeography and depositional cycles of western South America[J]. Journal of South American Earth Sciences, 1988, 1(4): 373-418.

[11] Pratt W T, Duque P, Ponce M. An autochthonous geological model for the eastern Andes of Ecuador[J]. Tectonophysics, 2005, 399(1-4): 251-278.

[12] Campbell C J. Guide to the Puerto Napo area, eastern Ecuador, with notes on the regional geology of the Oriente basin[M]. Quito Ecuador: Ecuador Society of Geology and Geophysics, 1970.

[13] Mathalone J M P, Montoya R M. Petroleum geology of the sub-Andean basins of Peru[M]// Tankard A J, Suárez R S, Welsink H J. Petroleum basins of South America. Tulsa: AAPG, 1995: 423-444.

[14] Santos C, Jaramillo C, Bayona G, et al. Late Eocene marine incursion in north-western South America[J]. Palaeogeography, 2008, 264(1-2): 140-146.

[15] Yang X, Xie Y, Zhang Z, et al. Hydrocarbon generation potential and depositional environment of shales in the Cretaceous Napo formation, eastern Oriente Basin, Ecuador[J]. Journal of Petroleum Geology, 2017, 40(2): 173-193.

[16] White H J, Skopec R A, Ramirez F A, et al. Reservoir characterization of the Hollin and Napo formations, Western Oriente Basin, Ecuador[M]// Tankard A J, Suarez S, Welsink H J. Petroleum Basins of South America, Memoir American Association of Petroleum Geologists, American Association of Petroleum Geologists, 1995: 573-596.

[17] 刘畅,张琴,谢寅符,等. 厄瓜多尔Oriente盆地东北部区块白垩系层序地层格架及发育模式[J]. 沉积学报, 2014, 32(16): 1123-1131.

[18] 陈诗望,姜在兴,田继军,等. 厄瓜多尔Oriente盆地南部区块沉积特征[J]. 海洋科学, 2008, 28(1): 31-35.

[19] 陈诗望,姜在兴,滕彬彬,等. 厄瓜多尔奥连特盆地白垩系M1油藏沉积储层新认识[J]. 地学前缘, 2012, 19(1): 182-186.

第二章　奥连特盆地隐蔽油藏类型

隐蔽油藏概念最早由 Carll[1] 提出，主要指较难发现和识别的油气藏，如不受背斜构造控制、构造和储层形态各异、成因不明，以及常规技术手段难以预测的非构造油气藏[2]。随着油气勘探开发研究深入和技术提升，隐蔽油气藏的内涵扩大为：在现有勘探方法和技术水平的条件下，较难识别和描述的油气藏类型，通常泛指所有非构造圈闭油气藏，它涵盖了地层、岩性、古地貌（形）、复杂断块、低幅度平缓背斜、水动力等油藏类型[3-4]。奥连特盆地是南美大陆西部的前陆盆地之一，面积约 $10\times10^4 km^2$，是厄瓜多尔的主要产油气盆地。盆地勘探始于 20 世纪 40 年代，在勘探早期主要油气发现以围绕南北向大型断层发育的长轴背斜油藏；60—70 年代相继发现了 Shushufindi、Aguarico、Sacha 及 Auca 等大型背斜油藏，主力含油层系包括 Napo 组 M1、U、T 段及 Hollin 组砂岩。厄瓜多尔 14 和 17 区块位于奥连特盆地中部前渊带的低级序构造脊发育区，含油气地层 Napo 组为海陆过渡相沉积体系，近年来随着勘探开发程度的提高，以及勘探开发认识、方法和技术的突破，相继发现了低幅度构造、水动力、低电阻率油层和超薄层岩性等隐蔽油藏，证实了奥连特盆地具备发育大量类型复杂的隐蔽油藏。

第一节　油气分布规律

一、区域油气分布

1. 平面油气分布

截至 2015 年，奥连特盆地已发现 173 个油田，2P 石油可采储量 $9621.74\times10^6 bbl$、天然气 $2279142\times10^6 ft^3$、油气当量 $10001.60\times10^6 bbl$（表 2-1）。盆地内油气分布呈现分带性特征，西部褶皱逆冲带油气分布相对较少，东部共轭走滑带（斜坡带）和中部反转构造带（前渊带）油气富集（图 2-1）。西部逆冲构造带共发现 11 个油田，原油 2P 可采储量 $722.38\times10^6 bbl$，天然气 $343650\times10^6 ft^3$，油气当量 $779.66\times10^6 bbl$，仅占全盆地已发现油气资源总量的 7.8%；中部前渊带共发现 101 个油田，原油 2P 可采储量 $6382.73\times10^6 bbl$，天然气 $1523956\times10^6 ft^3$，油气当量 $6636.72\times10^6 bbl$，占全盆地已发现油气资源总量的 66.4%；东部走滑斜坡带共发现 62 个油田，原油 2P 可采储量 $2516.63\times10^6 bbl$，天然气 $411536\times10^6 ft^3$，油气当量 $2585.22\times10^6 bbl$，占全盆地已发现油气资源总量的 25.8%。

西部逆冲构造带由一组近平行的高角度逆断层和盆地盖层的复式褶皱组成，构造闭合幅度大，一般为 300~500ft。由于地层抬升较高，上部地层多遭受剥蚀，Hollin 组埋深较浅或出露地表，砂岩油气藏易遭受破坏。该区主要含油层系为白垩系 Hollin 组砂岩，代表性的大油田为 Pungarayacu 油田，原油可采储量 $560\times10^6 bbl$，原油 API 为 7°~14°，为重质油。

表 2-1　奥连特盆地 2P 油气可采储量分布表[5]

构造带	油田数（个）	石油（10⁶bbl）	天然气（10⁶ft³）	2P 油气可采储量	
				油气当量（10⁶bbl）	占比（%）
西部褶皱逆冲带	11	722.38	343650	779.66	7.8
中部反转构造带	101	6382.73	1523956	6636.72	66.4
东部共轭走滑带	62	2516.63	411536	2585.22	25.8
合计	173	9621.74	2279142	10001.60	100.0

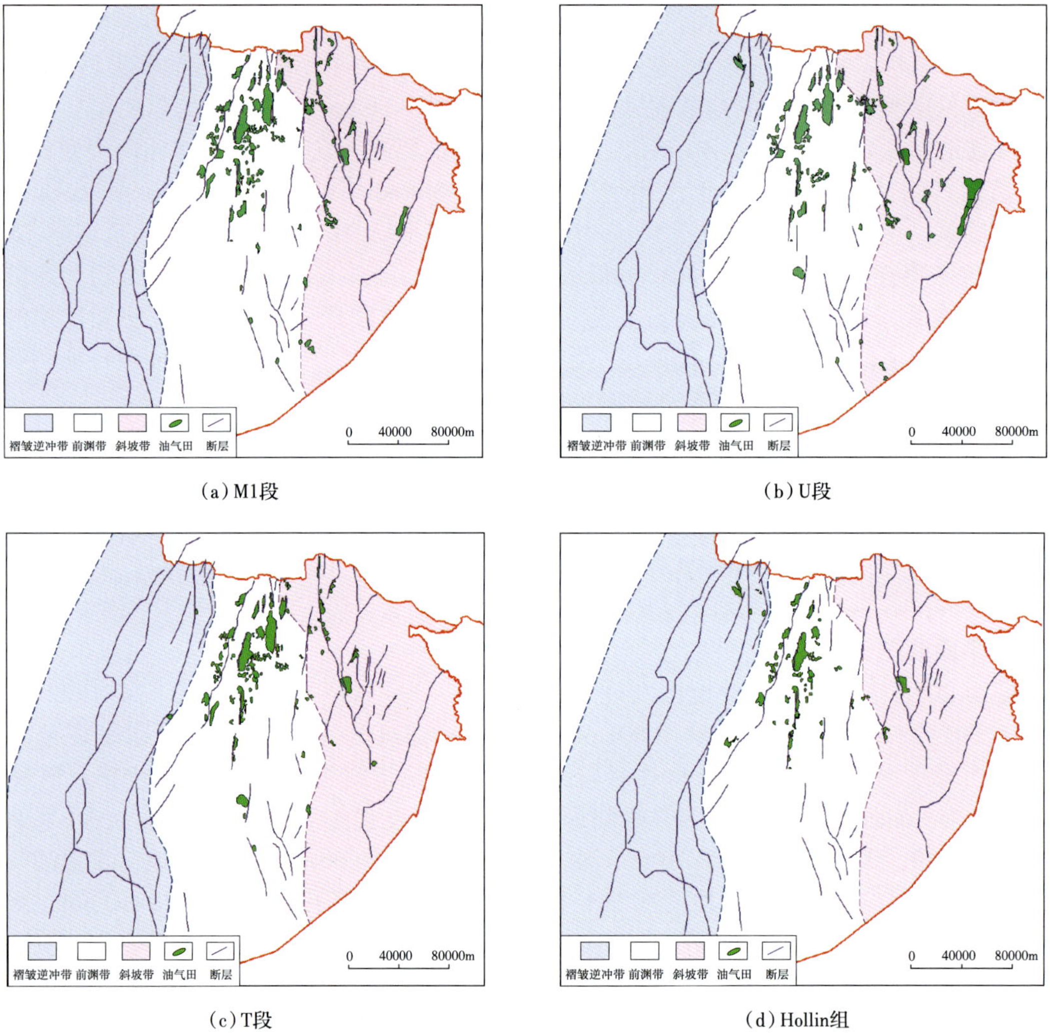

(a) M1段　　(b) U段

(c) T段　　(d) Hollin组

图 2-1　奥连特盆地油气田沿断裂分布平面图

中部反转构造带是侏罗纪裂陷盆地的沉降中心，发育南北走向断层，前陆盆地发育阶段主要以继承性的基底裂陷反转为主，白垩系逆冲幅度较高，断层延伸幅度大。由于盆地南深北浅，构造亦表现为南北分带性特征，北部地层变形幅度大，发育大型南北向逆冲断层，构造幅度达 200ft；南部地层变形幅度变小，断层至 Auca-Cachiyacu 一带逐渐消失，以低幅度构造（50ft）和小断层为主。主要含油层段为 Hollin 组砂岩及 Napo 组 M1、U 和 T 砂岩。中部前渊带相继发现 Sacha、Shushufindi 和 Auca 等大型油田，以及 14 和 17 区块 TN、Horm、Nantu、Horm-S、Wanke 等中小型油田[4]。

东部共轭走滑带主要为边界断层控制的走滑断裂系统，形成了两组呈北北东、北北西走向展布的共轭剪切断裂带，断层断距相对较小，伴生构造发育，构造闭合幅度 50~100ft，M1、U 和 T 段发育断背斜砂岩油藏，底水较强。而东部靠近盆地边缘，发育了大型逆冲断背斜油藏，如亿吨级大型 ITT 油田（位于 31 区块东部），主要含油层系为浅部层位的 M1 和 M2 砂岩，油品较重[6]。

总体来说，奥连特盆地油气田沿南北走向断层及相关的背斜分布，断背斜控制油气（图 2-1），盆地已发现 436 个油气藏，断裂带附近的油气藏 405 个。盆地北部油田富集，南部已发现油田较少，分析认为北部 Napo 组储层相对较浅，为油气运移的指向区，且北部的断背斜构造发育，有利于油气输导保存，导致北部油气田分布较多（图 2-1）。南部储层埋藏深度大、断层和构造圈闭均欠发育，导致南部油气田发现较少。

2. 纵向油气分布

截至 2015 年，盆地已发现油气主要分布于白垩系 Hollin 组、Napo 组和 Tena 组，古近系 Tiyuyacu 组，主要含油气层系为 Hollin 组砂岩和 Napo 组 T、U 和 M1 砂岩，其中 Hollin 组砂岩油气探明地质储量占盆地总量的 26.75%，Napo 组 T、U 和 M1 砂岩分别占盆地总量的 23.59%、32.47% 和 12.73%（表 2-2）。

表 2-2 奥连特盆地不同层位探明油气地质储量统计表[5]

层段		油藏数（个）	探明地质储量	
			油气当量（10^6bbl）	占比（%）
Tiyuyacu 组		1	0.52	0.01
Tena 砂岩		37	306.32	3.06
Napo 组	M1 砂岩	49	1272.37	12.73
	M2 石灰岩	2	35.47	0.35
	M2 砂岩	7	45.03	0.45
	A 石灰岩	3	3.73	0.04
	U 砂岩	115	3245.65	32.47
	B 石灰岩	4	8.29	0.08
	T 砂岩	84	2358.8	23.59
Hollin 组		68	2674.69	26.75
未知层系		16	46.43	0.46
合计		386	9997.3	100

奥连特盆地不同层位油气可采储量分布表明（表2-3），Hollin组是西部逆冲构造带和中部前渊带的主力产层，可采储量油气当量分别为755.28×10⁶bbl和1872.98×10⁶bbl，而在东部斜坡带分布很少，仅46.44×10⁶bbl。Napo组T砂岩是中部前渊带的主力产层，可采储量油气当量2235.68×10⁶bbl；U砂岩是中部前渊带和东部斜坡带的主力产层，可采储量油气当量分别为2284.09×10⁶bbl和961.56×10⁶bbl；M1砂岩是东部斜坡带的主力产层，可采储量油气当量1241.94×10⁶bbl。截至2015年，M1砂岩在中部前渊带的油气可采储量规模较小，仅30.43×10⁶bbl，后期随着低幅度构造识别技术和超薄层砂岩预测技术突破，以及岩性隐蔽油藏的认识，M1砂岩原油储量规模不断扩大。

表2-3 奥连特盆地不同层位油气可采储量分布表[5]

含油层位		西部逆冲构造带			中部前渊带			东部斜坡带		
		油藏数（个）	可采储量		油藏数（个）	可采储量		油藏数（个）	可采储量	
			油气当量（10⁶bbl）	占比（%）		油气当量（10⁶bbl）	占比（%）		油气当量（10⁶bbl）	占比（%）
Tiyuyacu组					1	0.522	0.01			
Tena砂岩		5	17.92	2.3	21	154.39	2.33	11	134.01	5.19
Napo组	M1砂岩				9	30.43	0.46	40	1241.94	48.07
	M2石灰岩				1	13.31	0.2	1	22.16	0.86
	M2砂岩				2	5.45	0.08	5	39.58	1.53
	A石灰岩	1	3.08	0.4	1	0.05	0	1	0.6	0.02
	U砂岩				71	2284.09	34.43	44	961.56	37.22
	B石灰岩	2	3.23	0.41	2	5.05	0.08			
	T砂岩	2	0.39	0.05	59	2235.68	33.7	23	122.73	4.75
Hollin组		11	755.28	96.84	53	1872.98	28.23	4	46.44	1.8
合计			779.89	100	220	6633.83	100	129	2583.58	100

二、目标区油气分布

目标区厄瓜多尔14和17区块位于盆地前渊带的中部，共发现9个油田，分别为Kupi、Nantu、Shiripuno C、Shiripuno N、Wanke、Horm、Horm-S、TN和Paiche（图2-2）。依据工区的构造特征，进一步划分为一级、二级和三级构造脊，其中TN油田位于一级构造脊，Horm、Horm-S和Paiche位于二级构造脊，其他油田均位于三级构造脊。由各构造带油田和油藏基本特征（表2-4）可见，一级构造脊圈闭幅度高，含油层系6个；

二级构造脊圈闭幅度中等，含油层系4~5个；三级构造脊圈闭幅度低，含油层系仅1~2个。此外，目标区含油层位越浅原油重度越小，黏度越大。

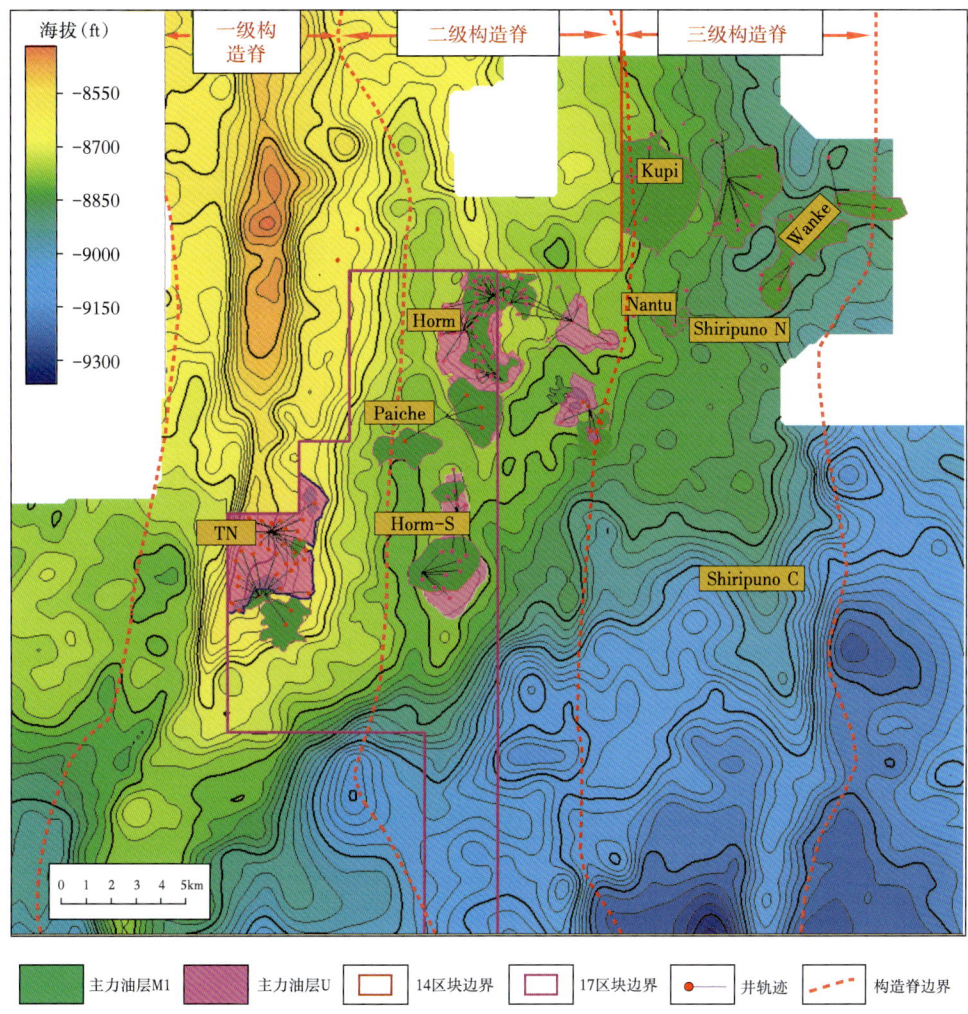

图 2-2 目标区主力油层 M1 和 LU 油田分布叠合图

表 2-4 目标区各构造脊油田和油藏基本特征统计表

构造单元	油田	构造幅度（ft）	含油层系	原油 API（°）			
				M1 段	U 段	T 段	Hollin 组
一级构造脊	TN	148	M1、UU、LU、UT、LT、UH	13.2~14.7	17.0~33.7	15.3~31.5	—
二级构造脊	Horm	133	M1、UU、LU、UT、LT	15.5~21.0	17.2~18.2	20.4~28.3	19.5
	Paiche	81	M1、UU、LU、UT	12.2	18.4	—	—
	Horm-S	55	M1、UU、LU、UH	12.9~13.7	17.1~19.1	—	21.2~25.1

续表

构造单元	油田	构造幅度（ft）	含油层系	原油 API（°）			
				M1 段	U 段	T 段	Hollin 组
三级构造脊	Nantu	97	M1、LU	19.7~22.0	16.6~17.8	—	22.7
	Kupi	63	M1	19.2~21.4	—	—	—
	Shiripuno N	21	M1	20.9	—	—	—
	Wanke	51	M1、UU	16.9~20.4	17.7	—	—
	Shiripuno C	38	M1	—	—	—	—

截至 2019 年，目标区 3 个构造脊探明石油地质储量规模相近（表 2-5），主要原因是二级构造脊和三级构造脊的低幅度构造油藏及岩性油藏储量逐渐增加，但各构造脊内部含油层系之间的储量规模差异大（表 2-6），其中一级构造脊储量主要分布于 T 和 U 砂岩，分别占总储量的 65.4% 和 30.5%；二级构造脊储量主要分布于 U 和 M1 砂岩，分别占总储量的 55.4% 和 27.8%；三级构造脊储量主要分布于 M1 砂岩，占比约 94.8%。2015—2019 年盆地中部前渊带 M1 砂岩探明石油地质储量大幅度增加，并且在三级构造脊中占主导地位，主要原因是突破了低幅度构造成图和超薄层预测等关键技术，实现高效滚动勘探开发。

表 2-5 目标区石油地质储量和可采储量分布表（据 2019 年内部资料）

构造带	油田数（个）	石油地质储量（10^6bbl）	石油可采储量（10^6bbl）	石油地质储量占比（%）
一级构造脊	1	252.5	48.4	35.6
二级构造脊	3	227.8	69.8	32.2
三级构造脊	5	228.4	58.8	32.2
合计	9	708.6	177	100

表 2-6 目标区不同构造脊内储量分布表（据 2019 年内部资料）

含油层位		一级构造带			二级构造带			三级构造带		
		油藏数（个）	探明石油地质储量（10^6bbl）	占比（%）	油藏数（个）	探明石油地质储量（10^6bbl）	占比（%）	油藏数（个）	探明石油地质储量（10^6bbl）	占比（%）
Napo 组	M1 砂岩	1	10.5	4.2	3	63.3	27.8	5	216.6	94.8
	U 砂岩	1	76.9	30.4	7	126.2	55.4	5	11.8	5.2
	T 砂岩	1	165.1	65.4	1	21.0	9.2			
Hollin 组					1	17.4	7.6			
合计			252.5	100		227.9	100		228.4	100

第二节 油气富集控制因素

一、盆地油气富集控制因素

奥连特盆地平面上油气分布具有分带性，纵向上不同含油层系的资源禀赋也存在差异，主要控制因素是生烃灶、烃源岩、储层、断裂构造等发育程度，以及圈闭的幅度和保存条件[7]。

奥连特盆地烃源岩品质自东向西逐渐变优，TOC 含量逐渐变高和干酪根类型由 Ⅱ/Ⅲ 型逐渐转变为 Ⅰ/Ⅱ 型[8-10]，西部的生烃潜力大于东部；同时西部受前陆下陷影响形成南北两个成熟度较高的生烃灶。中部前渊带烃源岩 R_o 小于 0.6%，未达到生烃高峰，仅局部供烃。东部斜坡带埋深更浅，烃源岩品质差，基本不可能规模供烃。因此，奥连特盆地表现为南北两个生烃灶主要供烃、断层—砂体为主要输导体系、油气长距离运移、断背斜构造和岩性圈闭聚集成藏的成藏模式。

奥连特盆地断裂系统既是形成断背斜构造的主要因素，也是盆地油气沿断层和砂体输导、长距运移的重要参与者。盆地内 90% 以上已发现大型油气田均与断层有关。自东向西沿着物源方向连续展布的砂体，构成油气横向输导的通道。如 Hollin 组最大厚度超过 300m，砂岩厚度大且夹层少；T、U、M2、M1 砂岩，自西向东逐渐变厚，分布较为连续，物性好，有利于油气侧向长距离运移。

中部前渊带最重要的断裂系统是近南北走向的 Cononaco-Auca-Sacha 反转断层带，在白垩系中连续分布，几乎贯穿了整个盆地前渊带的北部，长达 300km。沿主断层及其共轭分支断层，分布着盆地已发现前五大油田中的 4 个，分别为 Auca 油田、Sacha 油田、Libertador 油田和 Shushufindi 油田。其他大型油田则沿着靠近斜坡带 Fanny-Dorine-Eden 断层带、逆冲褶皱带以及前渊带控界断层带分布。此外，中部前渊带 T、U 和 M1 砂岩储层较发育、构造相对平缓的位置，有利于形成低幅度构造和岩性油气藏[11]。

东部斜坡带发育众多的走滑断层，断裂系统及生烃灶的远近控制油气富集程度。距离生烃灶越近的圈闭，圈闭充满度越高，含油层系越多；距离生烃灶越远的圈闭，构造位置越高，含油层系越少（图 2-3），远离断层区几乎没有油田发现。东部河流相和河口湾砂体发育，岩性分割弱，断层和构造是控制油气成藏的主要因素。

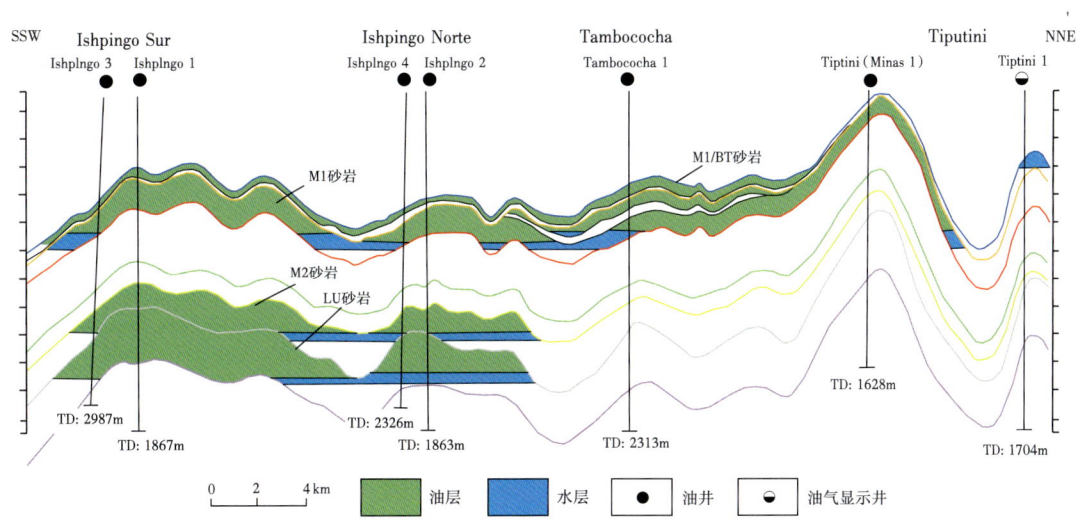

图 2-3　奥连特盆地 Ishpingo Sur-Tiputini 油田油藏剖面

二、目标区油气富集控制因素

目标区 14 和 17 区块主体位于盆地中部前渊带 Cononaco-Auca-Sacha 反转断层带的东侧，该区自西向东发育 3 个构造脊，一级构造脊为 Auca 构造带，背斜幅度高、面积大，包括 Auca（区块外）和 TN 油田；二级构造脊发育中等幅度背斜，包括 Horm、Nantu、Horm-S 等油田；三级构造脊发育低幅度背斜构造，如 Wanke、Kupi 等油田（图 2-2）。

该地区位于盆地南部生烃灶的油源指向区，油源充足，油气在浮力的作用下，遵循向低势能区运移的原则，优先充注主构造带上的圈闭。一级构造脊 Auca-Tapir 构造位置越高，势能越大，聚油能力越强，含油层系越多，共发育 M1 段、U 段、T 段、Hollin 组共 4 套含油层段（图 2-4），圈闭充满程度高。从一级构造脊到二级构造脊，构造高度和幅度逐渐降低，含油层位逐渐减少。位于二级构造脊的 Horm 和 Nantu 油田，发育 M1、U 和 T 砂岩 3 个含油层系。位于三级构造脊的 Wanke 和 Kupi 油田，仅 M1 段和 U 段部分薄层砂岩中含油。此外，勘探开发实践表明，在同一构造内多个层位，油气优先充注上部层位；同一油气藏，原油优先充注构造高部位，但存在油水界面倾斜的现象，如 LU 油藏。

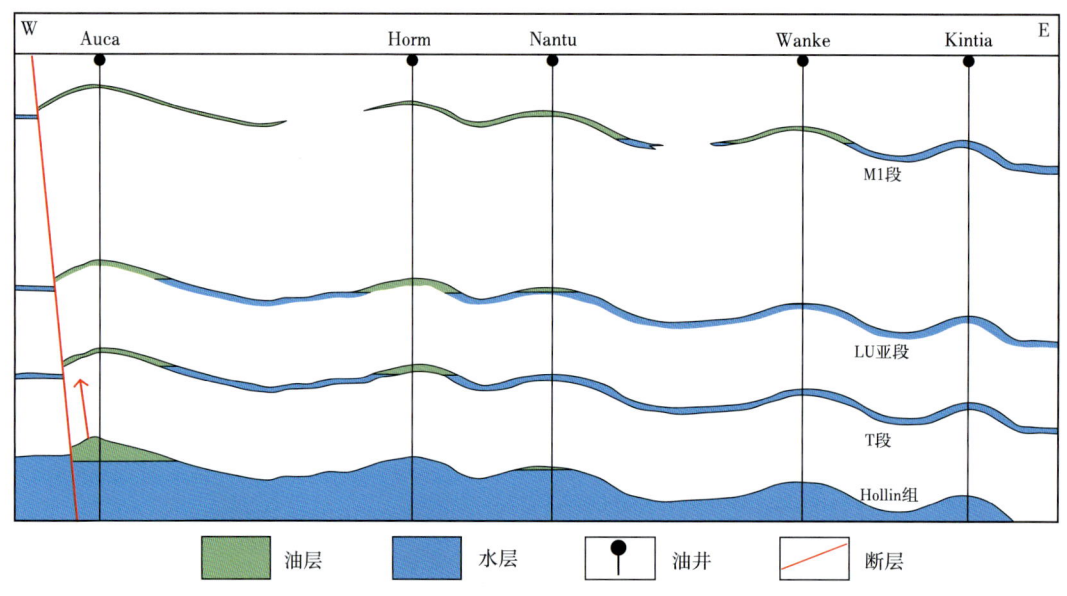

图 2-4　Auca-Kintia 油田从东向西油藏剖面示意图

第三节　隐蔽油藏类型

一、盆地主要油藏类型

奥连特盆地主要发育 5 类油藏（图 2-5），一类是大型背斜油藏，构造幅度大于 60m，圈闭面积 100km²，如 Sacha 油田的 LU 和 LT 油藏。二类是大型断背斜油藏，构造幅度 38~60m，圈闭面积 30~40km²，如 Eden 油田。三类是构造—岩性油藏，构造幅度

23~38m，圈闭面积 10~20km²，如 Fanny 油田 M1 油藏，泥岩墙侧向封堵的岩性油藏。四类是低幅度构造油藏，构造幅度小于 23m，圈闭面积小于 10km²，如 Charongo 油田。五类是岩性油藏，砂岩沿上倾方向尖灭，如 Shiripuno 油田的 M1 油藏。

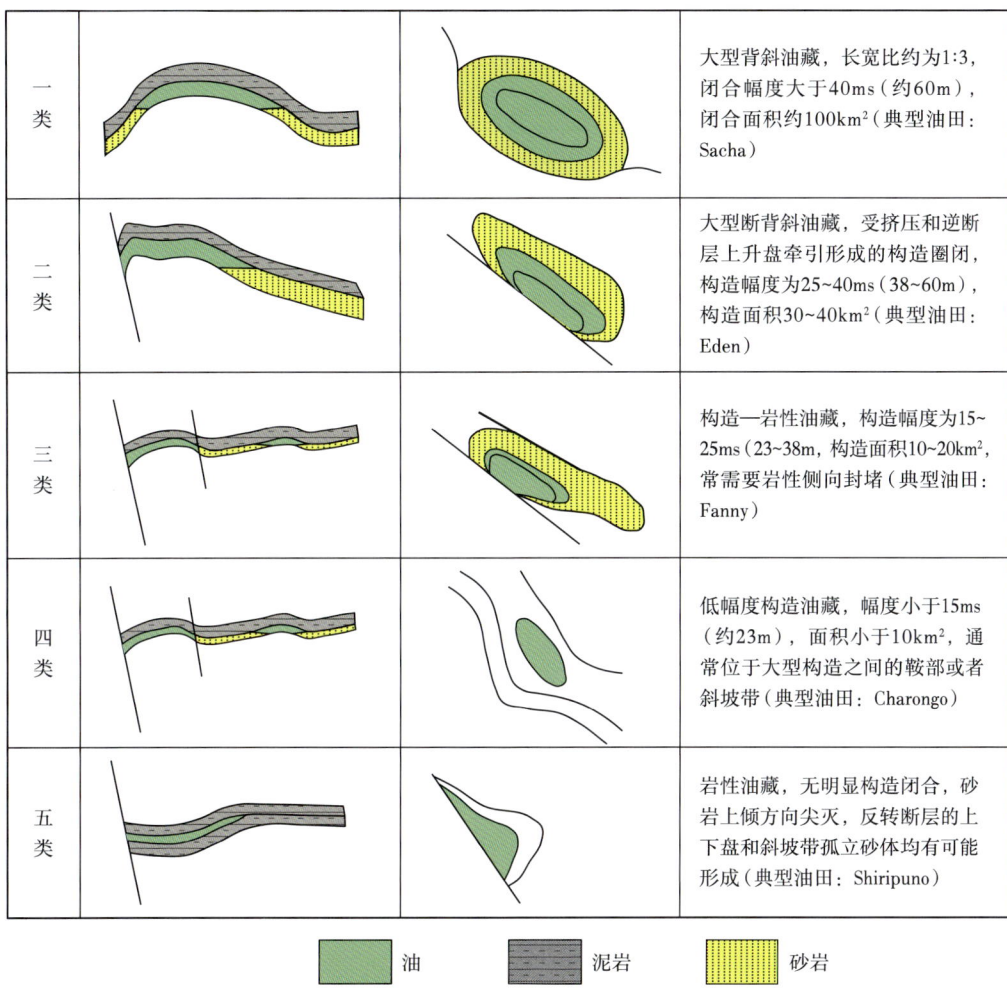

图 2-5 奥连特盆地油藏类型

通常构造幅度大、物源区砂体叠合连片的储层易于形成构造油藏，在盆地东部斜坡带和中部前渊带常见一类、二类油藏。同时中部前渊带储层由于连续性相对差一些，在低幅构造和斜坡背景上容易形成三类、四类和五类油藏。

二、目标区隐蔽油藏类型

厄瓜多尔 14 和 17 区块位于盆地中部前渊带，油源充足，油田分布均与 3 个构造脊相关，油气富集受 T、U、M 砂岩储层和构造带（脊）控制，发育了低幅度构造、构造—岩性、潮汐水道薄层岩性、水动力、低电阻率等隐蔽油藏（图 2-6、表 2-7）。

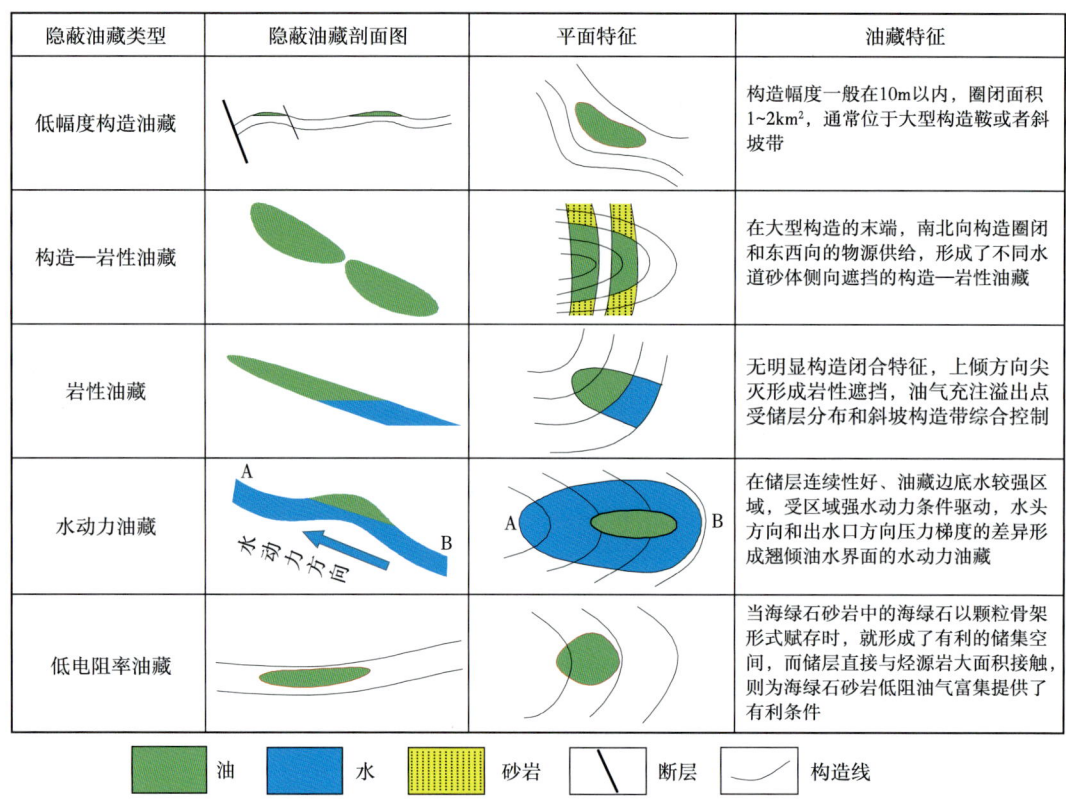

图 2-6　厄瓜多尔 14 和 17 区块隐蔽油藏模式图

表 2-7　厄瓜多尔 14 和 17 区块油藏类型统计表

构造单元	油田	M1 油藏类型	UU 油藏类型	LU 油藏类型	UT 油藏类型	LT 油藏类型	UH 油藏类型
一级构造脊	Tapir	构造—岩性	低电阻率	构造、构造—岩性	低电阻率	岩性—构造	岩性
二级构造脊	Horm	构造—岩性	—	构造、水动力	岩性	构造	—
	Paiche	构造—岩性	岩性	低幅度构造	岩性	—	—
	Horm-S	构造—岩性	岩性	低幅度构造	—	—	—
	Nantu	构造—岩性	—	低幅度构造	—	—	—
三级构造脊	Wanke	构造—岩性	岩性	—	—	—	—
	Kupi	构造—岩性、岩性					
	Shiripuno N	低幅度构造					
	Shiripuno C	低幅度构造					

1. 低幅度构造油藏

奥连特盆地构造演化受安第斯造山运动持续活动影响，在断背斜和伴生次级背斜的侧翼，伴生发育大量鼻状或穹隆状低幅度构造。由于盆地生烃中心仍在持续生烃，油源供给充足，除了已发现的大型背斜构造油藏之外，在斜坡带或构造脊之间油气仍可以继续向低幅度构造圈闭中聚焦，如一级构造脊末端的 TN 油田 LU 油藏、二级构造脊 Horm 油田 LU

24

油藏等均表现为低幅度构造油藏特征。

2. 构造—岩性油藏

奥连特盆地 Napo 组沉积物源方向均来自盆地东部的圭亚那地盾，自东向西依次表现为河流—潮控三角洲—浅海相沉积体系，在研究区 M1 等砂岩段以河口湾远端、三角洲前缘和前三角洲沉积相为主，受潮汐作用影响较大，主要为潮汐水道沉积，砂体厚度薄，横向变化快[8]。东西向的不同分支物源体系水道砂体形成了砂体间侧向遮挡，与油田区南北向构造脊交叉，为形成构造—岩性圈闭的有利条件，如一级构造脊末端的 TN 油田 M1 油藏、二级构造脊 Horm 油田 M1 油藏表现为构造—岩性油藏，三级构造脊 Wanke 和 Kupi 油田的 M1 油藏分别表现为岩性—低幅度构造油藏、低幅度构造—岩性油藏特征（图2-2）。

3. 岩性油藏

奥连特盆地 M1 砂岩沉积时安第斯造山运动已经开始，受古地貌、物源、河流—潮汐—波浪等交织水动力影响，潮汐水道砂岩或波浪改造形成现今的 M1 薄砂体沉积特征，储层物性好，原油高产富集，油藏类型细分多样，分别发育岩性上倾尖灭砂岩油藏、泥岩墙侧向遮挡砂岩油藏和水道间湾上倾遮挡砂岩油藏（图2-7）。

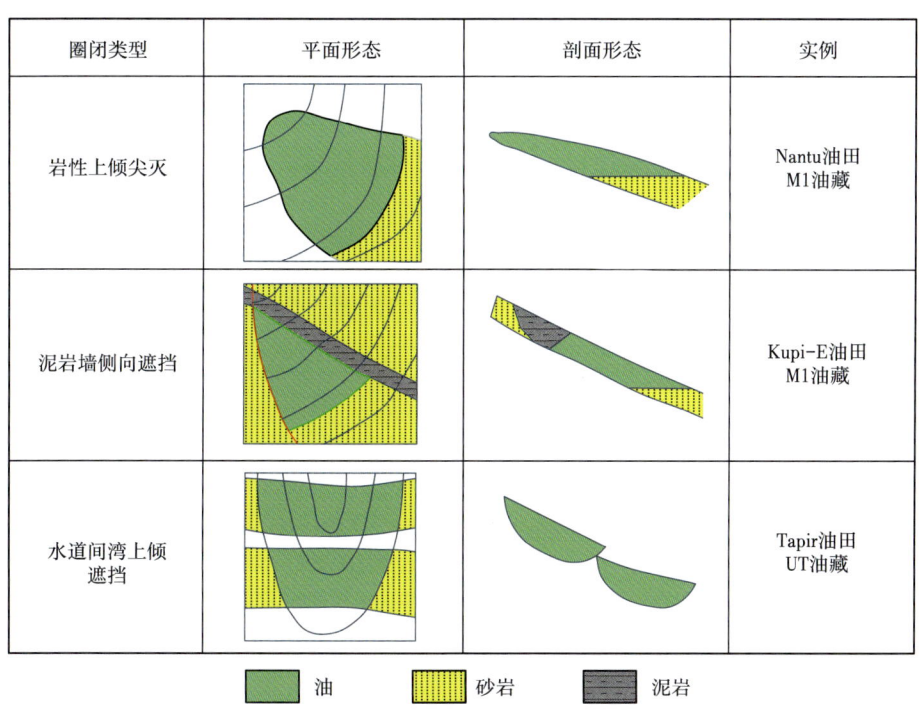

图 2-7 与岩性圈闭相关的油藏类型示意图

（1）岩性上倾尖灭。东西向分布砂体与南北走向构造脊形成构造—岩性复合圈闭，如 Horm 油田 M1 和 UT 砂体、Nantu 和 Kupi 油田主力产层 M1 砂体，受岩性尖灭带和低幅度构造高点共同控制，形成岩性上倾尖灭的构造—岩性油藏。

（2）泥岩墙侧向遮挡。前渊带 M1 段发育潮坪相泥岩和潮汐水道砂岩沉积，砂岩厚度薄，条带状分布的潮坪相泥岩称为泥岩墙，能够分隔两侧砂体，侧向封挡形成圈闭，如 Kupi-E 油田。

(3)水道间湾上倾遮挡。前渊带各类水下分流河道砂体及滨岸沙坝砂体，连通性差，与构造匹配形成岩性—构造复合圈闭。如 TN 油田处于一级构造脊低部位，UT 和 LT 发育潮汐水道砂岩油藏，自东南向西部展布，发育于 Auca 背斜带末段。

4. 水动力油藏

奥连特盆地 Napo 组 LU 砂岩、东部 M1 厚砂岩储层发育且连续性较好，受低幅度构造影响，油藏边底水较强区域受水动力驱动，水体始终处于持续流动状态，水头方向和出水口方向压力梯度的差异[11]，会导致油藏不同平面位置水体压力变化，造成油水界面倾斜，如 Horm 油田 LU 油藏。

5. 低电阻率油藏

奥连特盆地 Napo 组 U 和 T 段的上部发育富含海绿石矿物的砂岩储层，主要集中在 UU 和 UT，如 TN 油田，与常规砂岩油层相比，海绿石石英砂岩油层录井油气显示级别低、测井电性特征为相对低的孔隙度和电阻率，没有明显的油水界面，含油饱和度差异很大，早期勘探开发利用常规石英砂岩测井解释模型解释为差油层或油水同层，忽略海绿石石英砂岩油层的存在。研究区海绿石砂岩储层直接与烃源岩大面积接触，为油气富集提供了有利条件。

参 考 文 献

[1] Carll J F. The geology of the oil regions of Warren, Venango, and Butler counties[J]. The 2nd Ennsylvania Geological Survey, 1880, 3: 482.

[2] Dashwood M F, Abbotts I L. Aspects of the petroleum geology of the Oriente Basin, Ecuador [M]// Brooks J. Classic Petroleum Provinces. London: Special Publications, Geological Society, 1990: 89-117.

[3] 田纳新，姜向强，石磊，等. 南美重点盆地油气地质特征及资源潜力[J]. 石油实验地质，2017，39（6），825-833.

[4] 谢寅符，季汉成，苏永地，等. Oriente-Maranon 盆地石油地质特征及勘探潜力[J]. 石油勘探与开发，2010，37（1），51-56.

[5] IHS Markit. Datebase[DB/OL]. [2023-07-30]. https://ihsmarkit.com/index.html.

[6] Leadholm R H. Petroleum geology of heavy oil in the Oriente Basin of Ecuador: exploration and exploitation challenge for the 1990s[J]. Bulletin American Association of Petroleum Geologists, 1990, 74(5): 701.

[7] Mathalone J M P, Montoya R M. Petroleum geology of the sub-Andean basins of Peru [M] // Tankard A J, Suárez R S, Welsink H J. Petroleum basins of South America. Tulsa: AAPG, 1995, 423-444.

[8] Ma Z, Chen H, Xie Y, *et al*. Division and resources evaluation of hydrocarbon plays in Putomayo-Oriente-Maranon Basin, South America[J]. Petroleum Exploration and Development, 2017, 44(2): 247-256.

[9] Ma Z, Chen H, Yang X. Geochemical characteristics and charge history of oil in the Upper Cretaceous M1 Sandstones of the Napo Formation, Oriente Basin, Ecuador[J]. Journal of Petroleum Geology, 2021, 44（2）: 167-186.

[10] 张志伟，马中振，周玉冰，等. 奥连特盆地斜坡带原油地化特征、充注模式及勘探实践[J]. 地学前缘，2021, 28（4）: 316-326.

[11] 何彬，陈诗望，郝斐，等. 厄瓜多尔 Oriente 盆地油气地质条件及成藏模式[J]. 天然气技术与经济，2014, 8（3）: 6-10, 77.

[12] 付志方，高君，孔凡军，等. 奥连特盆地 17 区块南部差异性构造演化与非稳态油藏[J]. 石油实验地质，2019, 41（2）: 222-233.

第三章 奥连特盆地 Napo 组沉积特征

奥连特盆地白垩系主要发育海相和海陆过渡相沉积体系，主要由 Hollin 组和 Napo 组两套地层构成，Napo 组是厄瓜多尔 14 和 17 区块主要含油层系，发育 T、U 和 M1 等多个含油砂岩段。M1 段为以中砂岩为主的河口湾—浅海陆棚沉积体系，LU 为以中—细砂岩为主的潮控三角洲—浅海陆棚沉积体系。本章通过岩心观察、实验数据、测井和地震等信息，系统分析 Napo 组的古地貌、物源、岩石学、单井相、剖面相和平面相等特征，深化 M1 和 LU 沉积相和沉积模式研究，建立了 Napo 组主力含油层段的沉积模式和沉积体系。

第一节 M1 段沉积相及沉积模式

一、古地貌和物源

1. M1 砂岩沉积前古地貌

古地貌的形态控制着砂岩的沉积和分布，古地貌图是盆地发育某一时期的某个界面等深图，用来描述地质历史时期古地貌的形态。本次研究主要采用残余厚度法对厄瓜多尔 14 和 17 区块 M1 砂岩沉积前古地貌进行恢复，该方法通过分析基准面以上的残余厚度特征从而认识古地貌形态，基准面以上厚度的大小指示了古地貌形态[1-5]。研究 M1 砂岩沉积前古地貌，选取区域分布稳定的 M1 段下部的泥页岩（M1-Shale）底作为基准面，基准面到 M1 砂岩底之间的残余厚度代表 M1 砂岩沉积前古地貌形态（图 3-1）。区块东部和中部的蓝色表示 M1 砂岩沉积前的 M1-Shale 地层厚，古地貌低；区块西部的红色表示 M1 砂岩沉积前的 M1-Shale 地层薄，古地貌高。

受奥连特盆地西部安第斯造山运动影响，M1 段沉积前厄瓜多尔 14 和 17 区块西侧已发生较大幅度隆升，在 Auca 一带形成相对构造高点，整体呈现东部高、中部前渊带低和西部高的古地貌格局，东部物源来自克拉通；西部受古构造高和斜坡带影响，控制着波浪和潮汐水动力的强弱，从而影响中部前渊带砂体的沉积规模和分布范围。

2. 物源分析

明确物源方向对沉积相和沉积模式研究具有重要意义。运用重矿物组合方法和锆石测年法，并结合 M1 砂岩厚度分布特征，对 M1 沉积的物源体系进行综合判断。

1）重矿物组合与 ZTR 指数分析物源

由于重矿物在抗风化程度、保存条件、富集规律等方面的特殊性，被广泛用于判断母岩性质和进行物源对比[6-10]。露头和岩心分析化验资料显示，西部安第斯山脉物源的典型重矿物组合为与火山作用相关的磷灰石、橄榄石、辉石等，以及与变质作用相关的帘石、矽线石、石榴石等[11-12]。Vallejo 等[13]研究奥连特盆地 Napo 组的重矿物组分主要为

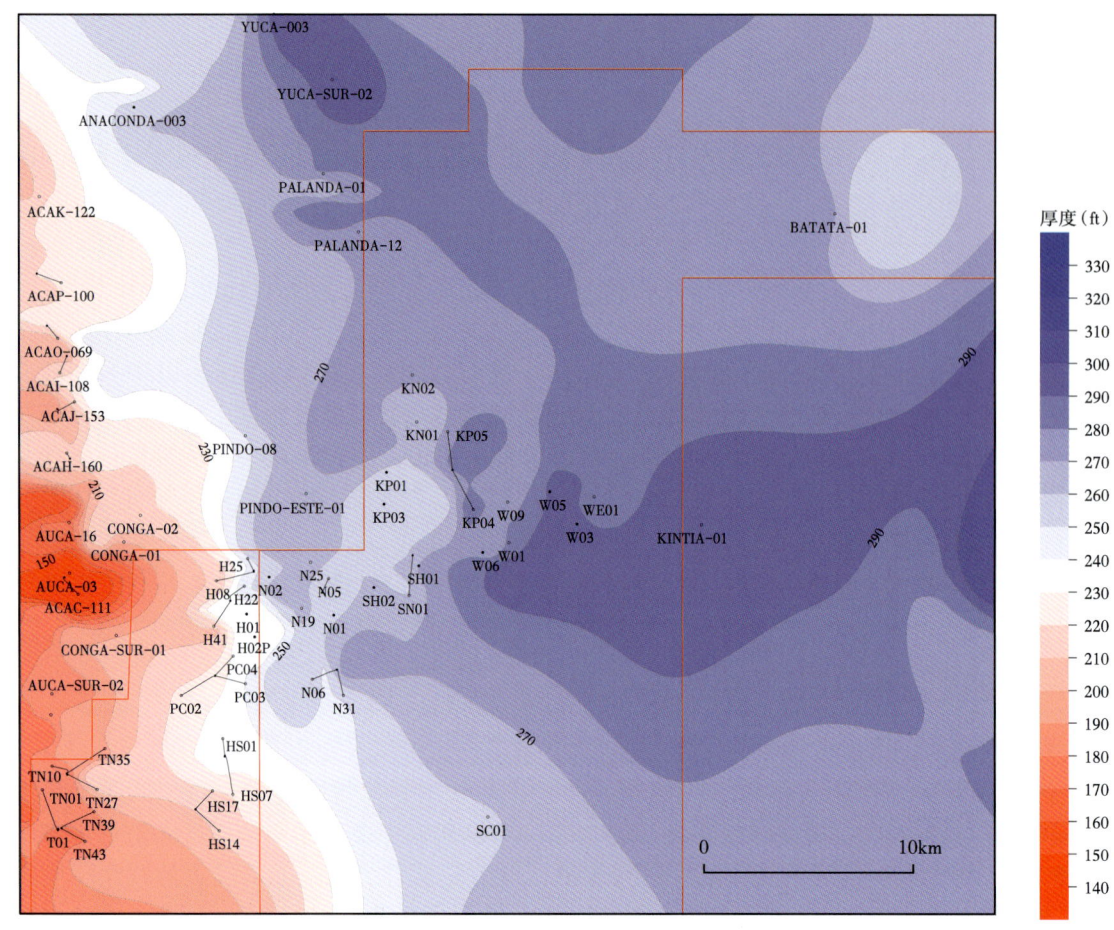

图 3-1 厄瓜多尔 14 和 17 区块 M1 砂岩沉积前古地貌图

锆石、电气石、金红石、独居石和橄榄石,其中锆石(Z)、电气石(T)、金红石(R)3 种矿物的占比总和为"ZTR",一般用 ZTR 指数进行重矿物特征分析。Napo 组 ZTR 指数为 0.80~0.97,表明锆石(Z)、电气石(T)、金红石(R)3 种矿物的占比高,说明 Napo 组的物源主要来源于东部亚马逊克拉通(图 3-2),亦称东部圭亚那地盾[13-14]。

2)锆石测年分析物源

锆石是一种坚硬、耐久、抗风化和蚀变的含铀—钍等放射性元素矿物,普遍存在于岩浆岩中,锆石的 U—Pb 年龄代表火成岩结晶时间或变质结晶时间,若砂岩储层附近没有变质作用的发生,则锆石年龄代表砂岩物源形成的时间。众多学者研究过奥连特盆地 M1 砂岩的物源方向,Horton 研究奥连特盆地沉积物源和克拉通沉积物的锆石年龄频率分布发现(图 3-3),来自东部克拉通沉积物源的锆石年龄较老,一般大于 600Ma,主要在 1000~1600Ma;来自西部安第斯山脉沉积物源的锆石年龄较新,一般小于 600Ma,主要分布在 100~300Ma[15]。奥斯汀大学 Vallejo 等[13-14]利用锆石 U—Pb 测年方法进一步明确奥连特盆地 M1 砂岩的物源方向,研究发现奥连特盆地 M1 砂岩中锆石测年显示年龄较老的元古宙锆石,物源主要来自东部克拉通[13-14]。

28

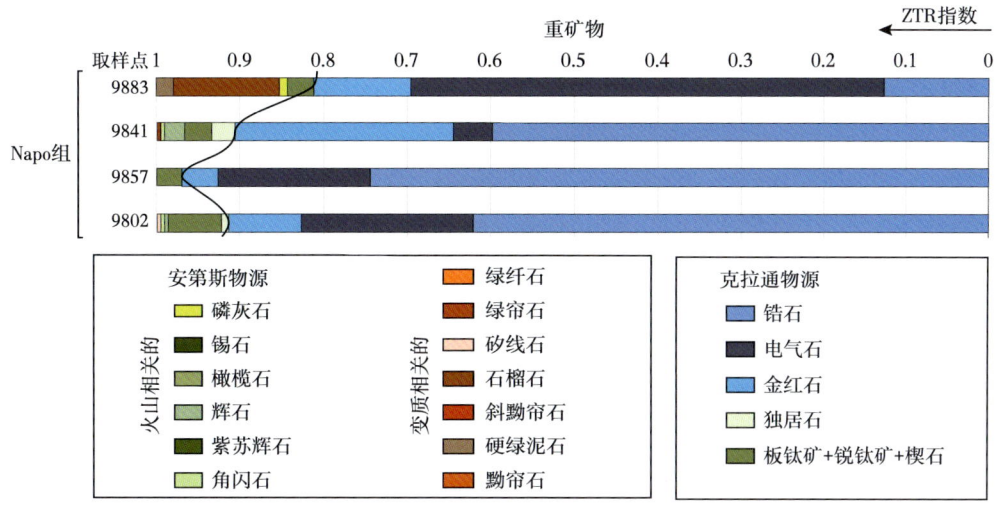

图 3-2 奥连特盆地 Napo 组重矿物组合特征（据文献 [13]，修编）

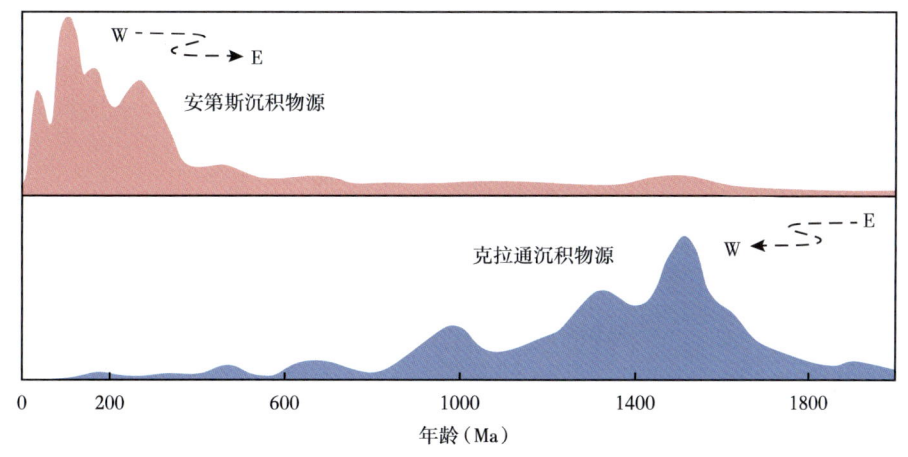

图 3-3 来自安第斯山脉和克拉通沉积物的碎屑锆石年龄图（据文献 [15]，修编）

奥斯汀大学锆石测年揭示 M1 砂岩沉积物源来源于东部的克拉通，并且有两个主要的物源供给方向（图 3-4），即东南方向 RO 物源和东北方向 RNJ 物源。东南方向 RO 物源沉积物在潮汐作用下，由盆地东南向西北方向从河流源区搬运至盆地内汇聚，盆地内搬运过程中，不同物源沉积物可能混合在一起。如锆石沉积在河流中，则可能来自同一来源和同一年龄，向海岸线输送沉积物的多条河流为潮汐提供了初始沉积物源，导致不同年龄的锆石混合，即盆地沉积物的再沉积过程容易分散锆石年龄。东北方向 RNJ 物源，从盆地东北部向盆地中部运移，早期有足够的能量将沉积物输送到盆地中部，晚期可能由于能量降低或沉积物供给的减少，沉积物无法搬运到盆地中心。

综合重矿物和锆石测年分析，M1 砂岩的物源整体来自盆地东部克拉通，有东南和东北两个主要物源供给方向。

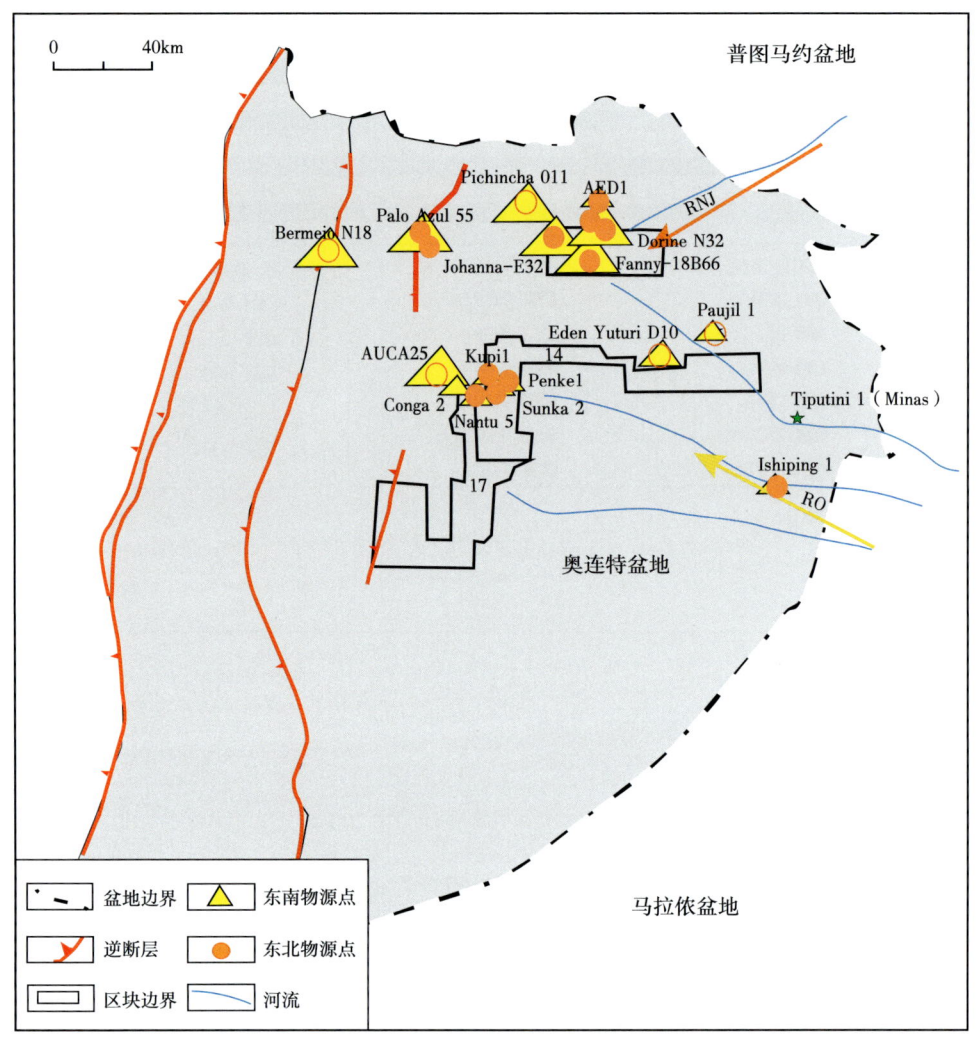

图 3-4　奥连特盆地 M1 砂岩物源供给分布图

3）砂岩厚度变化趋势分析物源

砂岩是源区岩石经风化、剥蚀、搬运在盆地中堆积形成。水流携带着泥沙搬运过程中，随着水动力逐渐减弱，粒度较大的碎屑物质首先被卸载，较轻的粉砂及泥质沉积物则于较远处沉积，一般沿着古水流方向砂岩含量逐渐降低，泥质含量逐渐增高。一般情况下，砂岩厚度和砂岩含量的平面分布对物源分析也有一定的指示，平面上"砂地比"（砂岩厚度/地层厚度）由高至低的趋势方向即为物源的大致走向，砂岩厚度越大、"砂地比"越高的区域离物源越近[16]。依据奥连特盆地数百口完钻井数据，编制了厄瓜多尔 14 和 17 区块及外围区 M1 砂岩厚度分布图（图 3-5），区域上东南部砂岩最厚达 90ft，向北变薄至 40ft，向西和西北逐渐减薄甚至尖灭。因此，判定厄瓜多尔 14 和 17 区块 M1 砂岩沉积期物源主要来自东南部。

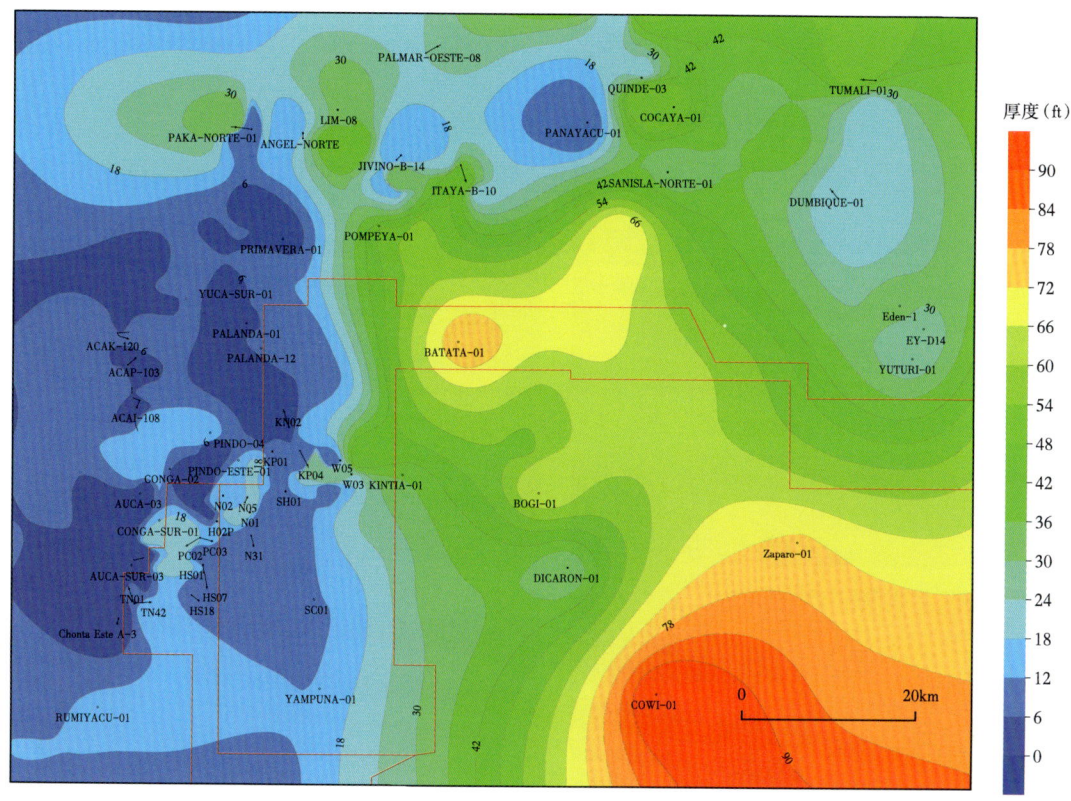

图 3-5 厄瓜多尔 14 和 17 区块及外围区 M1 段砂岩厚度图

二、岩石学特征

M1 段主要为砂泥岩沉积,根据岩石的性质、颜色、粒度、结构和沉积构造等特征判别沉积环境。

1. 岩性特征

M1 段泥岩。根据 W03 井取心分析,M1 段顶部发育一段较纯的红色、绿色和杂色泥岩(图 3-6a),反映沉积环境为氧化环境;M1 段绝大部分泥岩为深灰色或黑色,泥质胶结程度高,夹有较细的粉砂岩,为外陆棚沉积。N05 井 M1 段发育深色及黑灰色页岩,含云母和炭屑,局部粉砂质夹层具有普通双壳类贝壳,贝壳具有轻微黄铁矿化(图 3-6b、c),为内陆棚沉积。

M1 段砂岩。根据 N05 井和 W06 井取心分析,M1 段砂岩可见含砾中—粗粒石英岩屑砂岩、中—粗粒石英砂岩、中—细粒石英砂岩和泥质粉砂岩等(图 3-6c、d)。M1 下段发育潮汐水道褐灰色、灰色含砾中—粗粒石英岩屑砂岩,分选为较差—中等,普遍含有水道冲刷形成的泥砾,向上逐渐变为灰色中粒石英岩屑砂岩;M1 中、上段发育多期潮汐沙坝沉积的灰色、深灰色中—细粒石英砂岩,分选好,磨圆好,成分成熟度高。

2. 沉积构造

沉积构造是沉积岩的重要特征之一,是由沉积物的成分、结构、颜色等不均一而引起的宏观特征,原生沉积构造主要有层面构造和层理构造。

(a) W03井M1上段红色泥岩　　(b) N05井M1段灰色泥岩

(c) N05井油侵含砾中—粗砂岩　　(d) W06井油侵中—粗砂岩

图 3-6　厄瓜多尔 14 和 17 区块 M1 段岩性特征

1）层面构造

冲刷—充填构造是沉积物遭受流水的侵蚀而形成冲刷面、在冲刷过程中所形成的碎屑物质被搬运不远又充填于冲刷面或小沟道中，从而形成了冲刷—充填构造，如 Kin01 井和 W06 井的 M1 砂岩具有上述特征（图 3-7a、b），常发育于河流—三角洲环境，为水下分流河道砂和潮汐水道砂，冲刷面附近有泥砾，常与粒序层理或韵律层理相伴生。

2）层理构造

层理构造是岩性沿着沉积物堆积方向上的变化（物质成分、颜色、结构和构造等）而形成的层状构造。厄瓜多尔 14 和 17 区块的 Wanke、Nantu、Kupi 油田等 M1 段具有较丰富的潮汐环境典型沉积构造特征，由牵引流形成的交错层理和斜向层理（图 3-7c、d）、粒序层理（图 3-7e），潮汐形成的羽状交错层理（图 3-7f）、波状层理（图 3-7g）和潮汐韵律层理（图 3-7h）。交错层理说明碎屑岩沉积时水动力能量比较强，羽状交错层理指示存在正反双向水流且常见于潮汐环境，波状层理一般形成于浅水且沉积物较细的波浪环境。由于 Wanke、Nantu、Kupi 油田所处的地理位置不同，M1 沉积环境有所差异导致岩石的沉积构造差异。

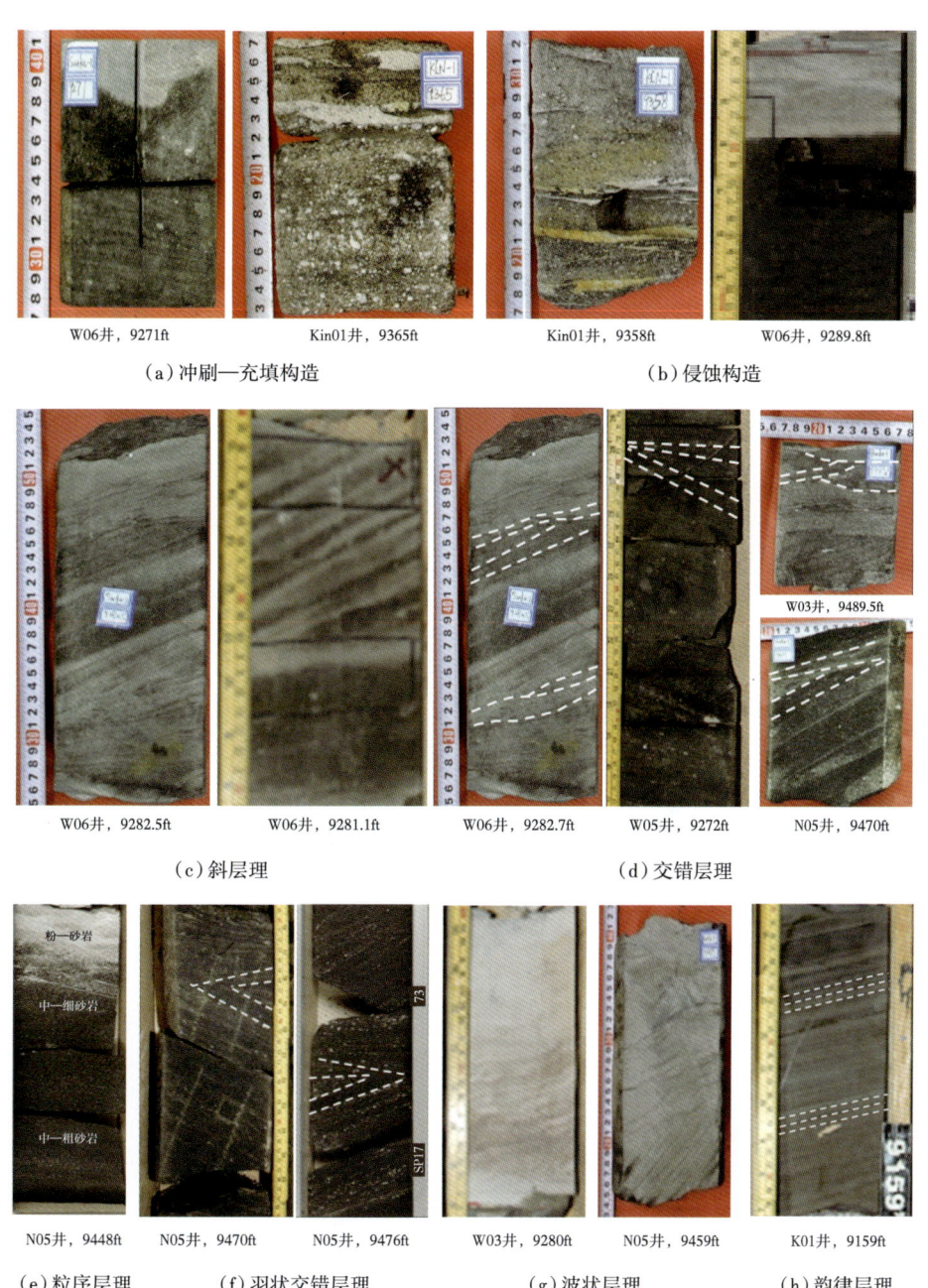

图 3-7　厄瓜多尔 14 和 17 区块 M1 段沉积构造特征

三、沉积微相

综合古地貌、物源及岩石学研究成果，选取奥连特盆地 M1 段典型取心井划分单井相，利用测井相标志研究剖面相，结合地震数据反演砂岩厚度研究平面微相，从而建立 M1 段沉积模式。

1. 单井相特征

单井相分析是沉积相研究的必要环节，通过岩心观察描述岩性、沉积结构和构造等特征，结合测井曲线电性特征，分析单井所处位置的沉积环境、沉积相和微相。选取位于盆地中部前渊带的 4 口取心井，探讨 M1 段 3 个亚段 M1-1、M1-2 和 M1-3 的单井相划分，并总结不同类型微相的岩性和测井曲线特征模式。

Kin01 井位于盆地东部，M1 段取心段整体为河口湾相内河口湾亚相沉积（图 3-8）。下

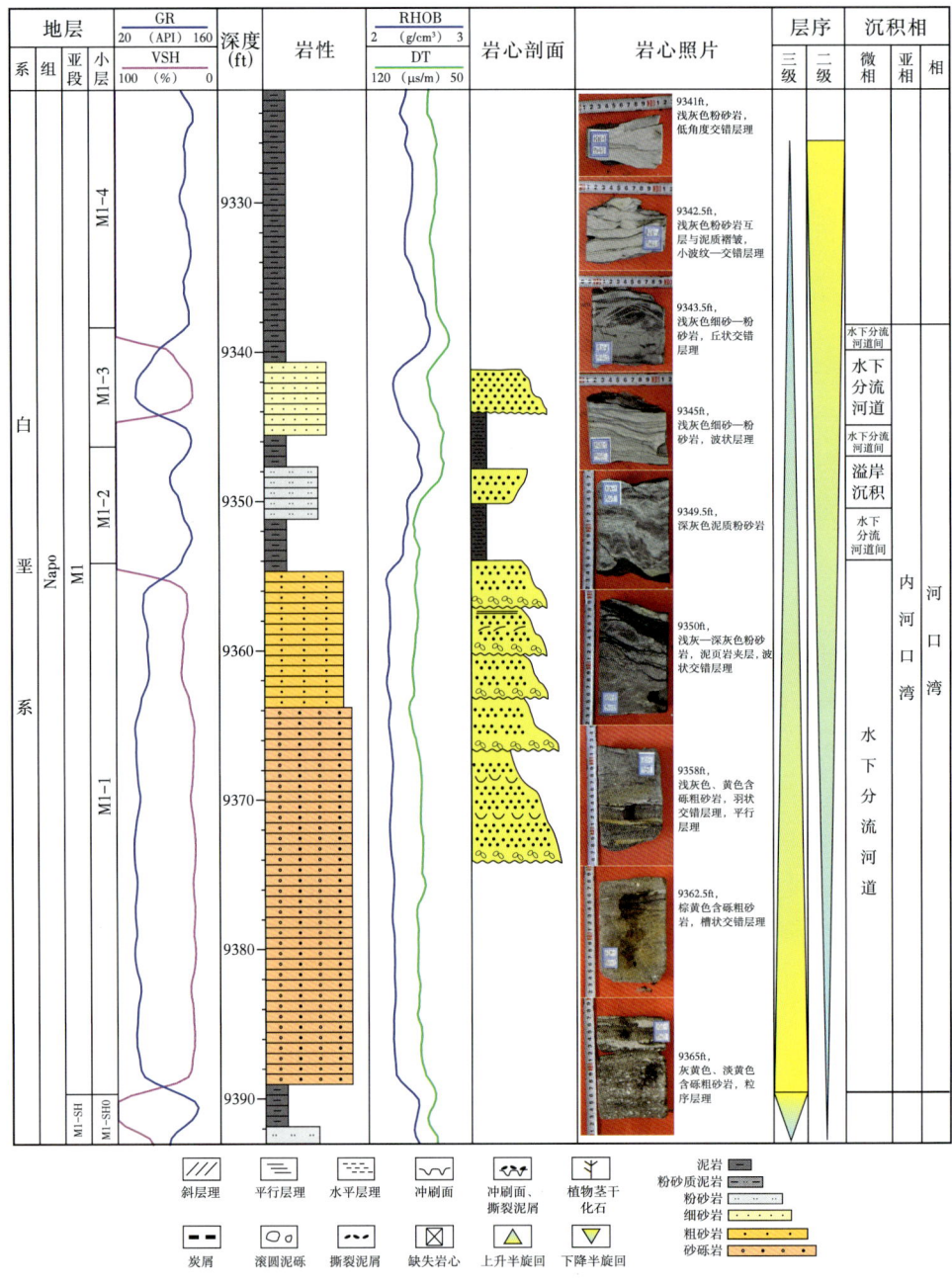

图 3-8 奥连特盆地 Kin01 井 M1 段单井相图

部 M1-1 亚段主要为砾岩、砂砾岩及粗砂岩，正韵律沉积，粒度较粗，发育冲刷面，GR 曲线呈复合箱形，为典型的叠置水下分流河道沉积；中部 M1-2 亚段发育一套细砂岩—粉砂岩—泥质粉砂岩组合，整体呈下细上粗，GR 曲线呈漏斗形，9349.5ft 处可见滑塌沉积，综合判断为溢岸沉积；上部 M1-3 亚段主要为灰白色细砂岩夹泥质条带，GR 曲线呈箱形，表现为水下分流河道沉积。

KP01 井位于厄瓜多尔 14 和 17 区块中东部的 Kupi 油田，M1 段取心段整体为河口湾相外河口湾亚相沉积（图 3-9）。M1-1 段整体为潮汐水道间沉积微相，GR 值较高，岩性以泥岩为主，局部发育潮汐水道，岩性为粉砂岩。M1-2 段整体为潮汐水道沉积微相，GR 曲线大致为箱状，发育砂岩，为优质储层。M1-3 段识别出两期叠置潮汐水道微相，向上过渡为韵律层沉积，一些厚/薄砂层在纹层上有泥层，表明沙运移后的滞水期，纹层逐渐变薄和变厚，为海侵期的陆棚砂、泥沉积，所有沉积特征指示该环境中海水流速变化频繁，砂岩主要为上部流动状态的平行层状，偶尔有薄羽状交错层理，表明是潮汐沉积环境。

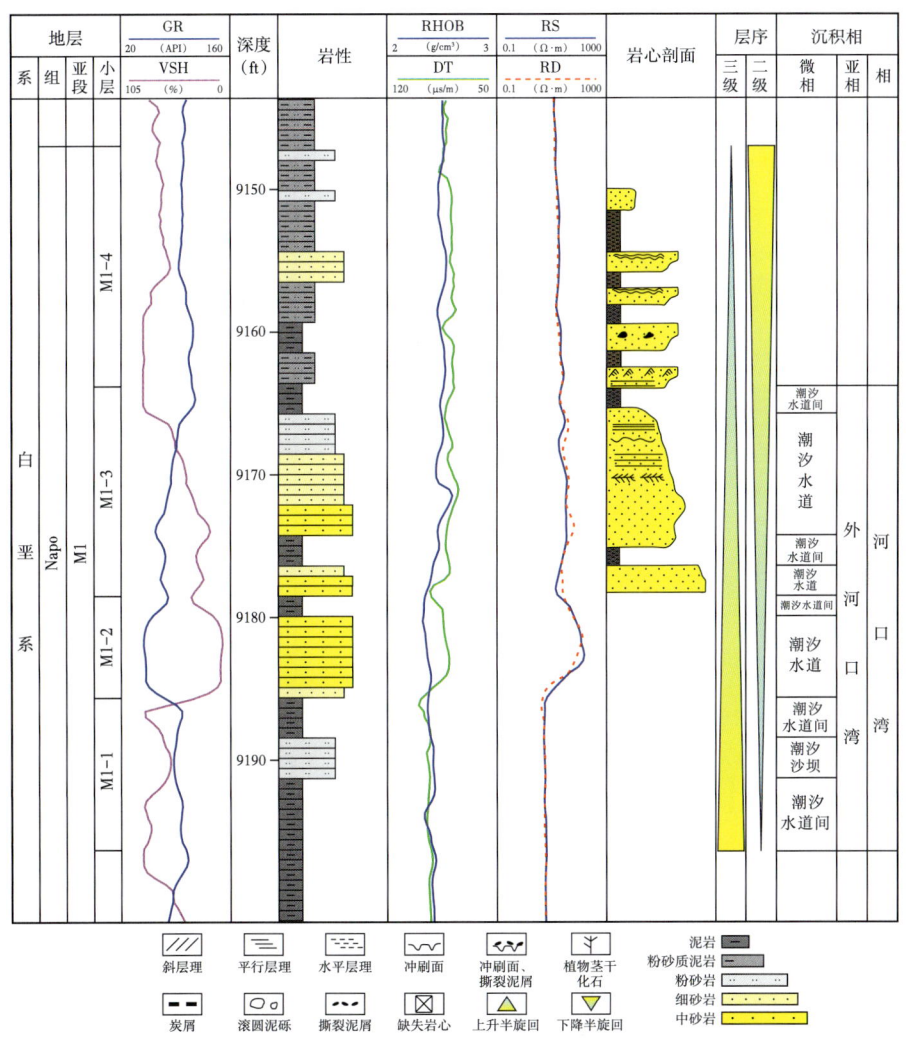

图 3-9 奥连特盆地 KP01 井 M1 段单井相图

N05 井位于厄瓜多尔 14 区块中西部的 Nantu 油田，M1 段取心段整体表现为河口湾相外河口湾亚相（图 3-10）。M1-1 亚段为潮汐水道沉积，岩性主要为砾岩、砂砾岩及粗砂岩，粒度较粗、正韵律沉积，发育冲刷面，GR 曲线呈复合箱形，为典型的叠置分流水道沉积。M1-2 亚段位于外河口湾沉积亚相（浅海陆棚沉积相带），GR 值较低，表现为高能环境的潮汐水道微相，岩性为中砂岩和细砂岩。上部 M1-3 亚段主要为潮汐沙坪和潮道间沉积，GR 值较高，岩性以粉砂岩和泥岩为主，局部发育潮汐水道，岩性为细砂岩。

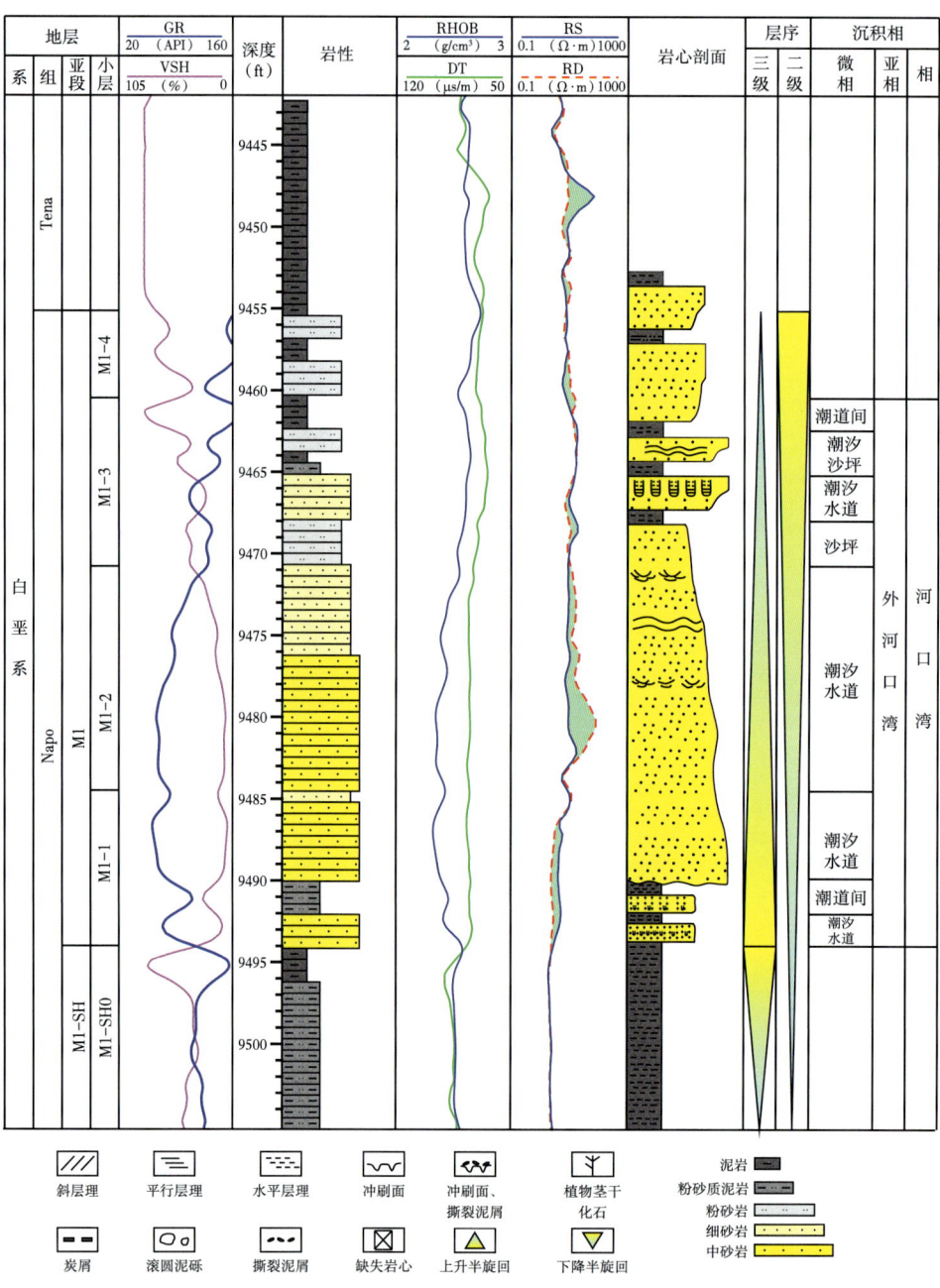

图 3-10 奥连特盆地 N05 井 M1 段单井相图

H02 井位于厄瓜多尔 14 区块中西部的 Horm 油田，M1 段取心段整体为河口湾相外河口湾亚相（图 3-11）。M1-1 亚段自然伽马曲线表现为漏斗形向泥岩基线的突变，电阻率曲线形态上表现为尖刀状，岩性包括泥岩、粉砂岩与细砂岩，其中粉砂岩层与细砂岩层较厚，可见少部分板状交错层理与植物茎干化石，判断为潮汐沙坪沉积微相。M1-2 亚段和 M1-3 亚段的 GR 曲线形态表现为向泥岩基线逼近、RT 曲线近似平直，为陆棚泥沉积，分析认为主要为陆棚泥沉积微相特征。

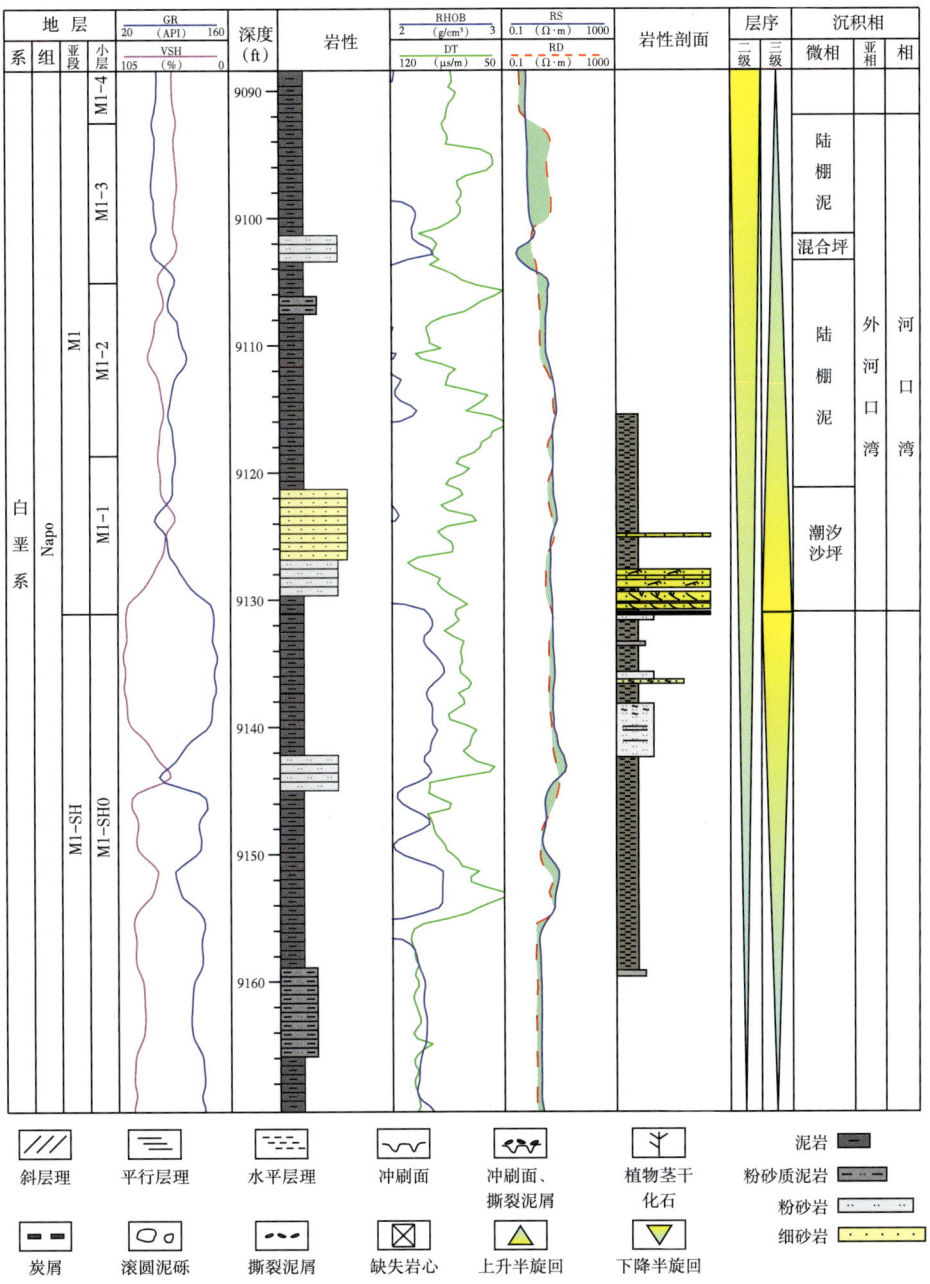

图 3-11 奥连特盆地 H02 井 M1 段单井相图

2. 测井相标志特征

奥连特盆地 Napo 组 M1 段为河流—河口湾—浅海陆棚沉积体系，沉积特征揭示受潮汐、波浪和河流作用影响，具有浪控和潮控交织水动力控制的河口湾特征[17-20]。通过类比研究盆地内多口取心井的岩心和测井曲线特征，制定了 M1 段沉积微相的测井相标志（表 3-1），研究区识别出 6 种主要沉积微相，即水下分流河道、潮汐水道、潮汐沙坝、潮汐沙坪、潮汐水道间/分流水道间及陆棚泥，其中潮汐水道和潮汐沙坝常呈复合叠置沉积。

1）水下分流河道

水下分流河道沉积主要分布于厄瓜多尔 14 和 17 区块东部的 M1-1 亚段。受海平面升降影响，水下分流河道在向海延伸过程中，河道不断加宽变浅，分叉增多，流速减缓，沉积物粒度变细。如 Wanke 油田东部 Kin01 井的 M1-1 亚段以砂质沉积为主，河床底部见滞留砾石，发育槽状交错层理、冲刷—充填构造，GR 值较低，曲线多呈齿化箱形（表 3-1）。

2）潮汐水道

潮汐水道主要分布于厄瓜多尔 14 和 17 区块中部的 M1-1 亚段和 M1-2 亚段。潮汐水道沉积在高能潮汐环境，测井曲线呈箱形或钟形（表 3-1），箱形反映物源充足、水动力稳定的快速堆积，钟形代表能量向上减弱，水道侧向迁移，垂向上形成正旋回沉积。研究区潮汐水道常呈叠置复合体沉积，如 N05 井 M1-1 亚段和 M1-2 亚段发育良好的中—细粒砂岩，根据测井曲线和沉积构造特征，确定其为潮汐水道微相。叠置复合体由底部滞留沉积、潮汐水道和废弃潮汐水道 3 个微相组成。其中底部滞留沉积发育冲刷界面，砾石由石英砾和泥砾组成，呈棱角状，分选差；潮汐水道由含砾中细砂岩组成，发育槽状交错层理、双向交错层理；废弃潮道沉积由粉砂岩和粉砂质泥岩组成，发育水平层理。叠置复合水道厚度 3~6m，单水道厚度 1~2m，叠置复合潮汐水道常出现在河口湾的中上游。

3）潮汐沙坝

潮汐沙坝主要分布于厄瓜多尔 14 和 17 区块中西部的 M1-1 亚段和 M1-2 亚段，由潮沙水道侧向迁移加积或潮汐改造水道砂再沉积而成，多与海岸线平行或与海岸线斜交。潮汐沙坝遭受潮汐与波浪的双重改造，泥岩一般不发育，交错层理的前积纹层缺乏泥披，不同期次沙坝的低角度交错层理内部纹层的倾向不同，代表涨潮和退潮两种相反的潮流流向，岩性以中—细粒石英砂岩为主，分选好，磨圆度高，沙坝底具有明显的海侵冲刷—侵蚀构造，砂岩厚度可达 3m，测井曲线多呈似箱形或指状组合模式。Paiche 03 井的 M1-1 亚段和 M1-2 亚段发育良好的中—细粒砂岩，综合分析其为潮汐沙坝微相（表 3-1）。

4）潮汐沙坪

潮汐沙坪分布于厄瓜多尔 14 和 17 区块中西部的 M1-3 亚段，沉积浅灰色泥质砂岩、细砂岩、富含泥质条带，偶夹中—细粒砂岩与极细粒页岩—粉砂质砂岩，泥质含量高于沙坝和潮汐水道微相，见脉状层理、波状层理、透镜状层理和再作用面等沉积构造。潮汐沙坪对应的 GR 曲线呈中幅、指状，电阻率曲线值明显减小（表 3-1），反映潮汐沙坪微相物性中等，差于潮汐沙坝和潮汐水道。Horm 油田 H02 井 M1 段为潮汐沙坪微相。

5）潮汐水道间/分流水道间

潮汐水道间或分流水道间沉积与潮汐水道和分流水道相伴生，以泥岩和砂泥混合为主，见泥质粉砂和粉砂质泥，泥岩的颜色主要为灰色和灰绿色，GR 曲线低幅、近平直、线形（表 3-1）。如 Kupi 油田 KP01 井 M1 段多处可见潮汐水道间沉积（图 3-9）。

6）陆棚泥

陆棚泥主要分布于厄瓜多尔14和17区块中西部的M1-3亚段和M1-4亚段。陆棚泥以碳质泥岩、页岩为主，偶见菱铁矿，GR曲线呈低幅、近平直、线形（表3-1）。如H02井M1段为陆棚泥沉积。

表3-1　厄瓜多尔14和17区块M1段测井相标志特征

沉积微相		水下分流河道	潮汐水道	潮汐沙坝	潮汐沙坪	潮汐水道间	陆棚泥
测井模式		高幅箱形	高幅箱形或钟形	中幅似箱形	中幅指状或尖刀形	低幅微齿形	低幅平直线形
曲线	幅度	高幅	高幅	中幅	中幅	中低幅	低幅
	形态	箱形	箱形/钟形	似箱形	指状	齿化线形	线形
	GR值	低值	低值	中值	中偏高	高值	高值
典型井		Kin01	N05	Paiche03	H02	KP02	H02
测井曲线		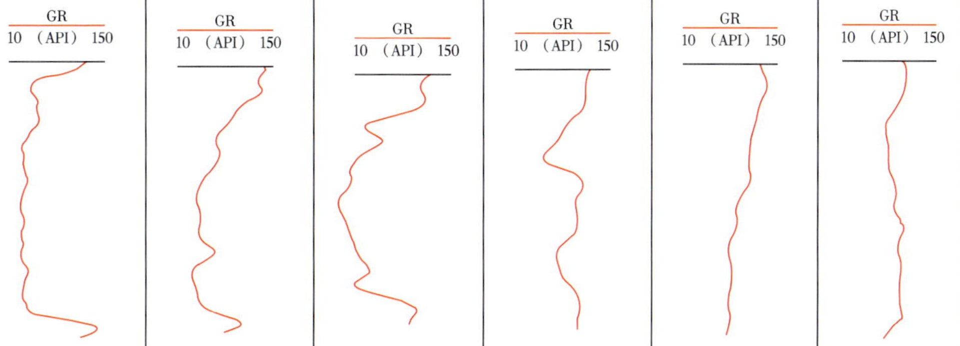					
岩心剖面		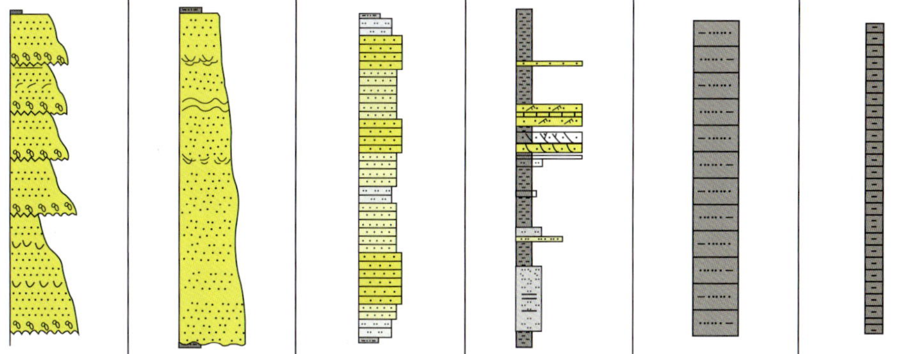					

3. 剖面相特征

依据前述单井相、测井相标志分析，结合M1段东西向地质和地震剖面特征（图3-12），可以看出Wanke油田WK09井至Kupi油田KP04井、KP12井，M1段砂岩沉积连续，沉积微相是内河口湾三角洲水下分流河道，随着物源向西浅海陆棚推进，砂体厚度逐渐减薄，至KP16RE井发育潮汐水道沉积；KP16RE井至KP08井之间M1沉积泥岩应为潮汐水道间。Kupi油田总体发育潮汐水道间的泥坪沉积，局部发育河口湾潮汐沙坝和潮汐沙坪。

Kupi油田KP12井—KP15井M1近南北向地质和地震剖面特征显示（图3-13），物源来

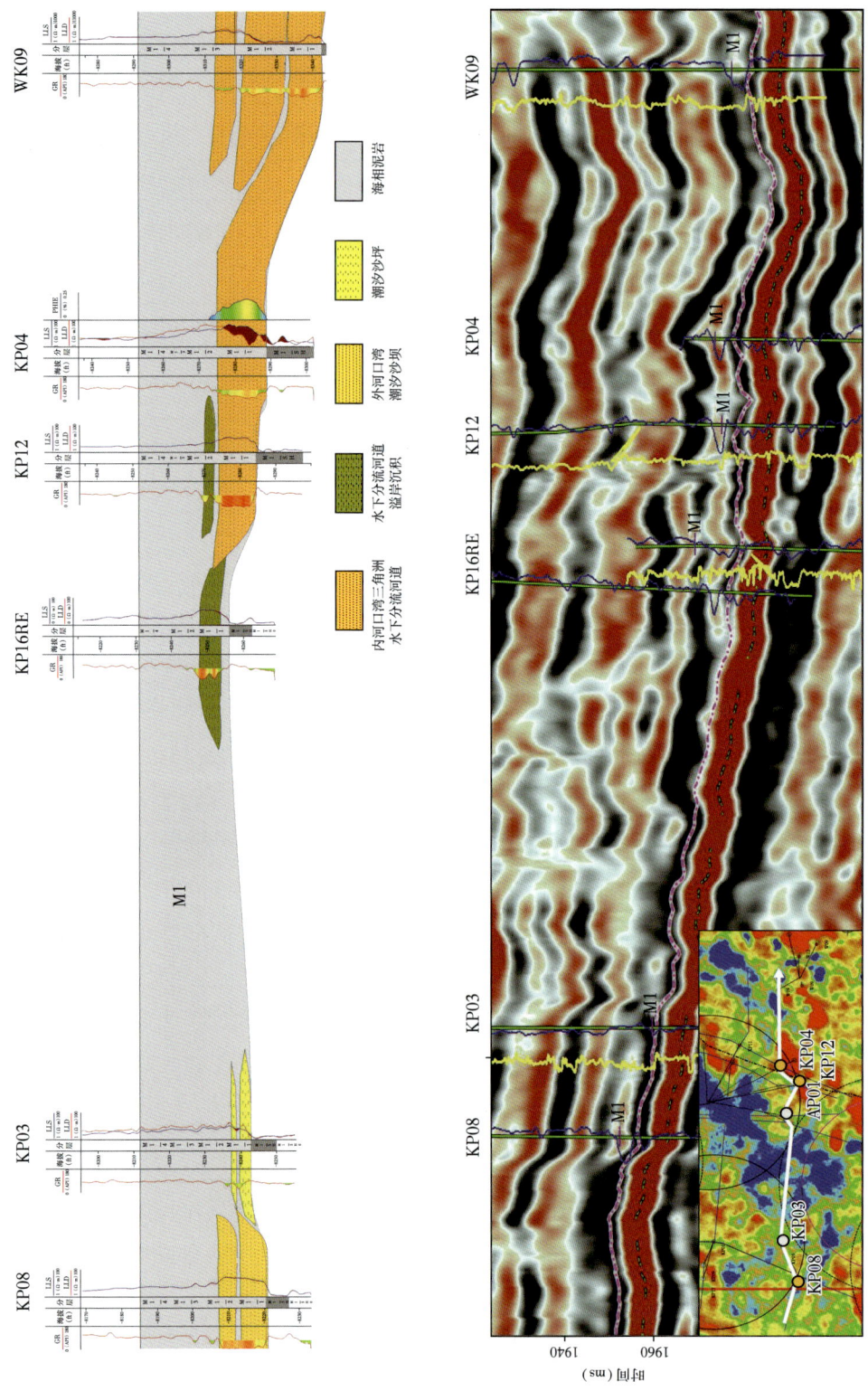

图 3-12 Wanke和Kupi油田M1段东西向地质（上）和地震剖面相图（下）

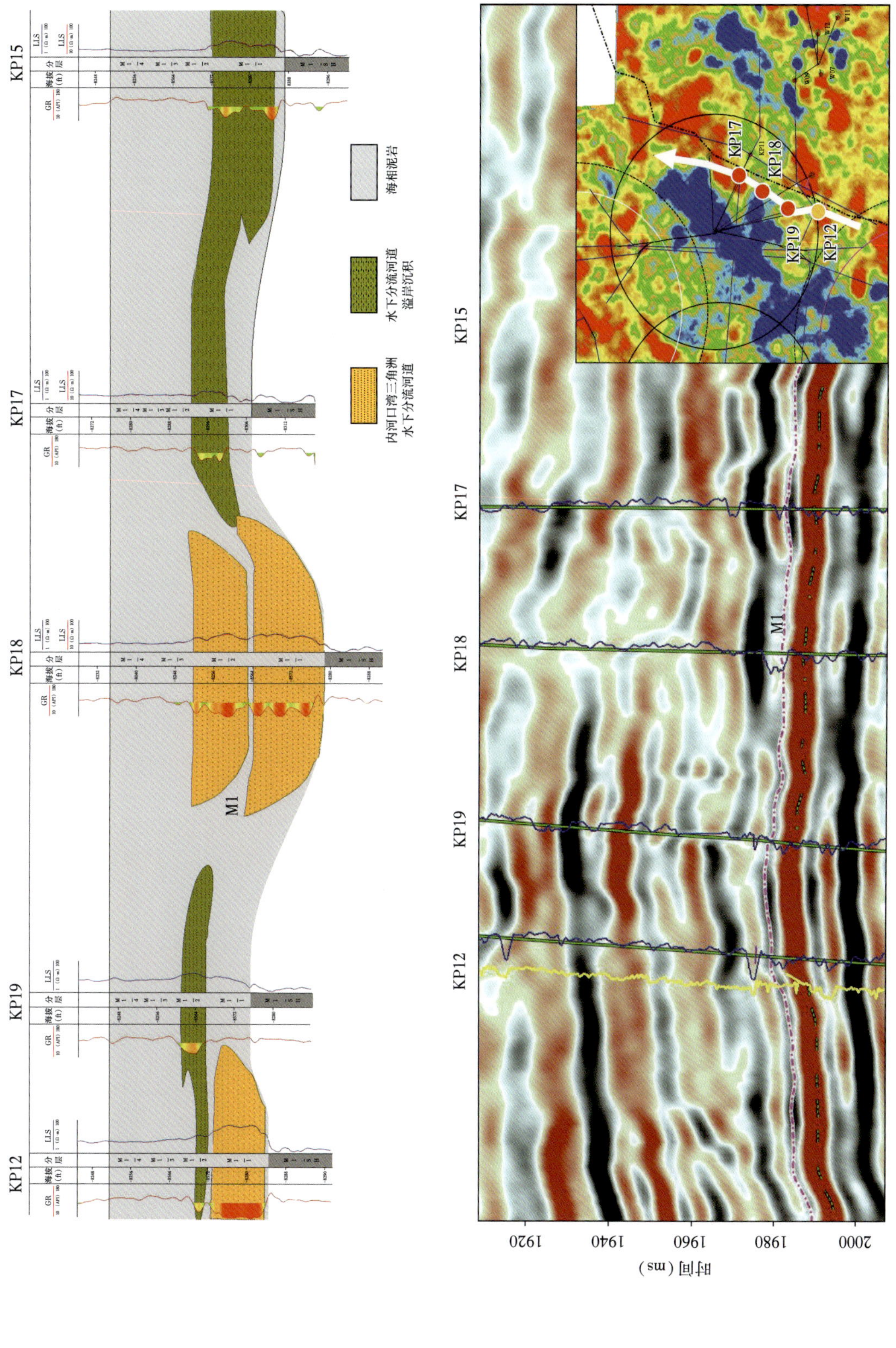

图 3-13 Kupi油田M1段南北向地质(上)和地震剖面相图(下)

自东部,剖面横切物源方向,井间砂岩不连续且厚度变化快,KP12井和KP18井M1段发育内河口湾三角洲水下分流河道,M1-1亚段和M1-2亚段的砂岩厚度较大;KP19井、KP17井和KP15井发育内河口湾三角洲水下分流河道溢岸沉积,砂岩分布局限且较薄。

4. 平面相特征

厄瓜多尔14和17区块M1砂岩波形干涉厚度图显示(图3-14),东部Wanke油田周边M1砂岩最厚,平均大于20ft,Kupi油田M1砂岩一般小于15ft,中部的Nantu和Nantu-E油田M1砂岩较厚,为12~20ft;中西部的Horm和Pache油田M1砂岩较薄,一般小于10ft;中西部的Horm-S油田M1砂岩较发育,一般为10~15ft;西部的TN油田M1砂岩较薄,一般小于10ft。

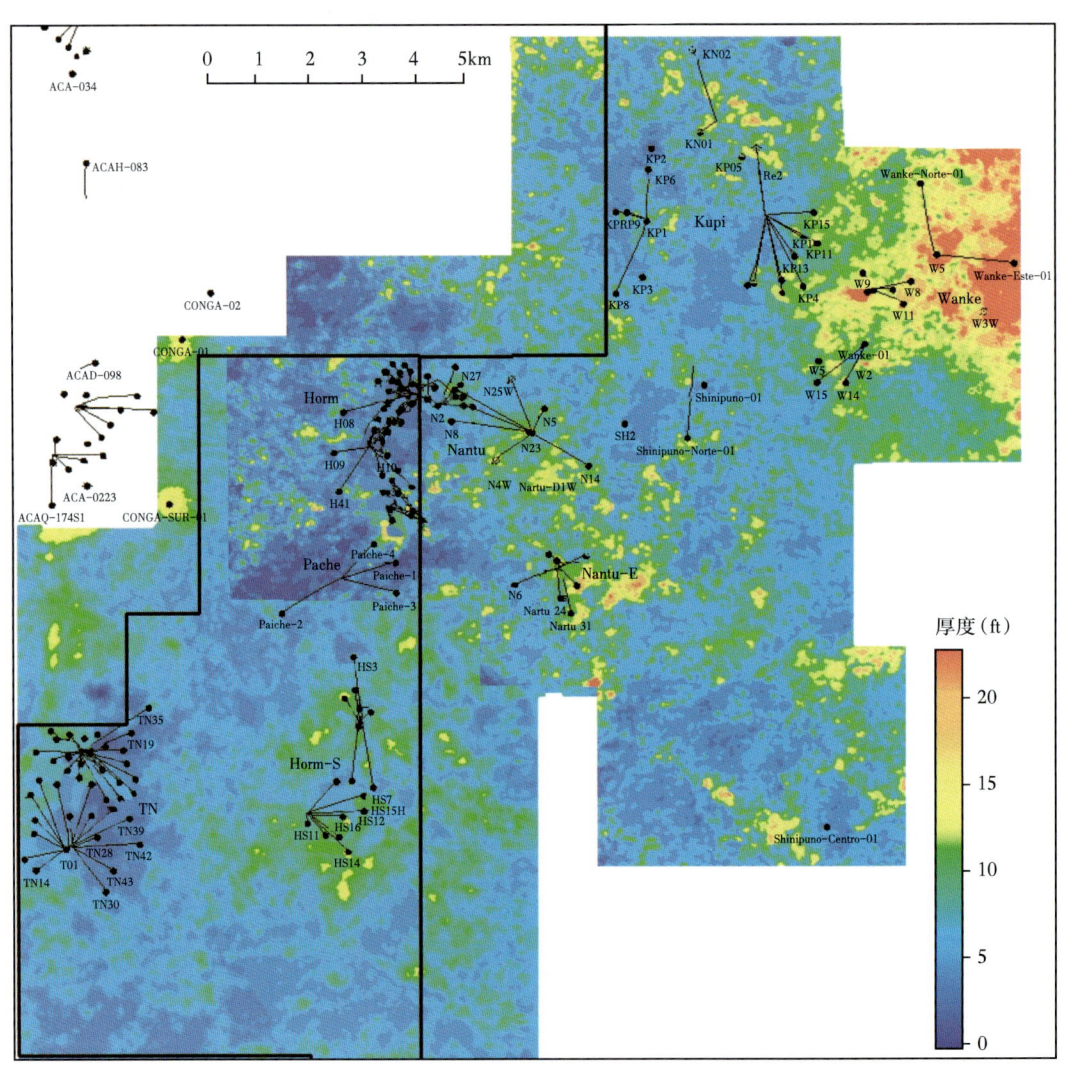

图3-14 厄瓜多尔14和17区块M1砂岩波形干涉厚度图

参考M1砂岩波形干涉厚度分布图,结合完钻井的实际数据编制了厄瓜多尔14和17区块M1沉积微相图(图3-15),Wanke和Kupi-E油田的东部地区为内河口湾的湾头三角洲沉积，发育多支水下分流河道，沉积较厚的 M1 砂岩。向西推进至 Kupi 油田和 Kupi-E 油田的过渡带，即南北交织水动力混合低能带的潮汐沙坪，发育泥岩条带，作为泥岩墙对 M1 油藏油气聚集起到侧向封堵作用。低能带西部的 Kupi 和 Nantu 油田，发育外河口湾，受潮汐作用影响沉积了潮汐沙坝和潮汐沙坪，在 Nantu 油田周边形成砂岩富集区。至 Horm 油田古隆起附近，砂岩不发育，西部的 Auca 地区受古地貌高点控制，仅在斜坡带有潮汐沙坝沉积。此外，在 Nantu-E 油田东部发育一支东南向物源；在 TN 和 Horm-S 油田发育另一支东南向次级物源，距离油田区较远，近期已完钻井揭示这支物源控制该区 M1 砂岩沉积。

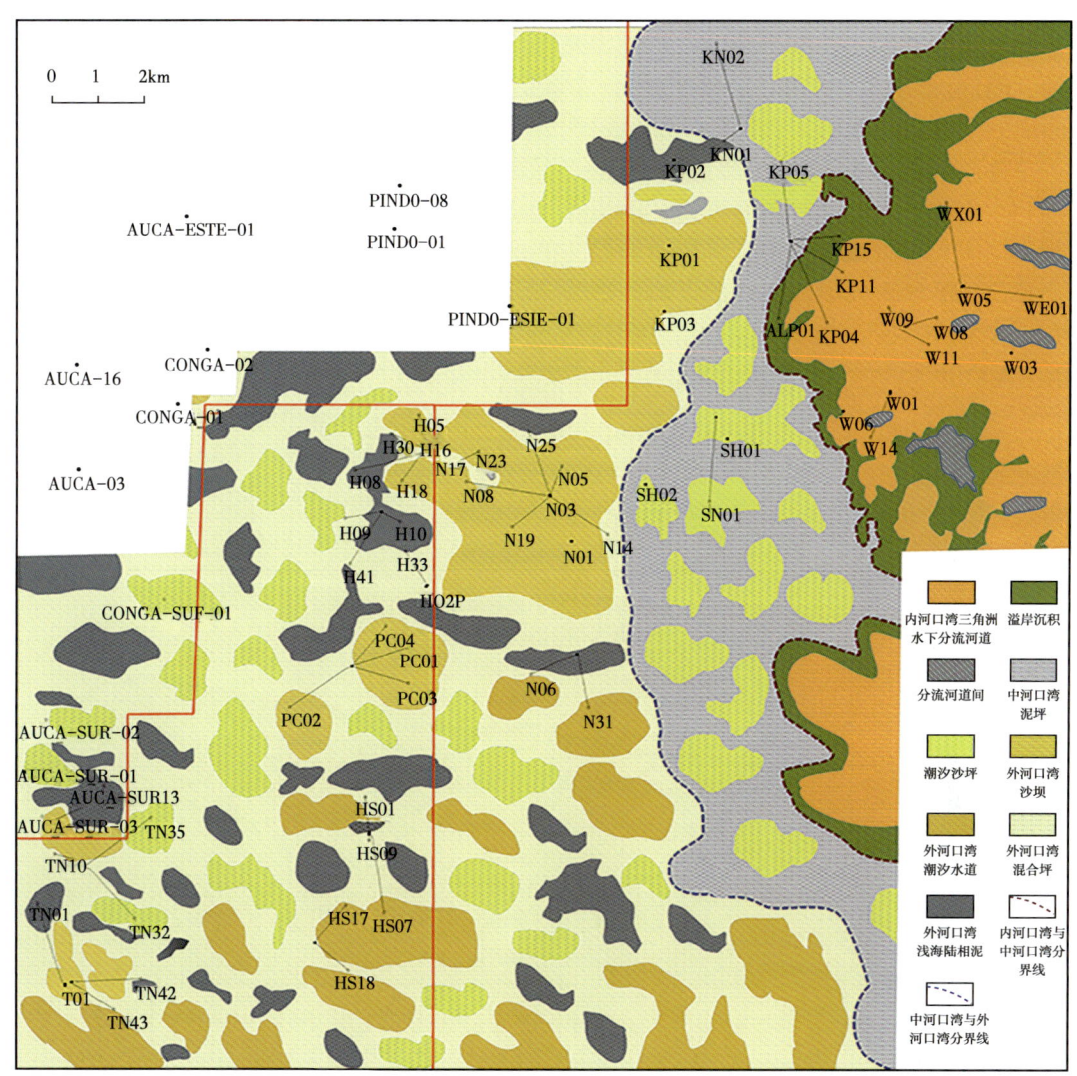

图 3-15 厄瓜多尔 14 和 17 区块 M1 沉积微相平面图

四、沉积模式

受区域构造演化影响，白垩纪晚期 M1 砂岩沉积前奥连特盆地西部受安第斯造山运动影响隆升抬起，Auca 和 Horm 油田背斜构造雏形已形成，盆地呈现中部前渊带低、东西部高的沉积古构造格局[21-22]。受东部物源、古地貌和海陆过渡相交织水动力影响，构成了M1段的沉积环境[23-26]，结合区域典型取心井观察描述、单井相、剖面相及平面相研究，建立奥连特盆地M1段沉积模式（图3-16），该模式将M1段划分为物源区、河流沉积区、内河口湾湾头三角洲沉积、中河口湾低能带沉积、外河口湾陆棚沙坝沉积、内陆棚、外陆棚，M1砂岩物源来自盆地东部的克拉通，通过河流运移到盆地中部的河口湾沉积区。厄瓜多尔14和17区块M1段沉积位置处于河口湾，其中Wanke油田处于内河口湾湾头三角洲，其沉积微相为水下分流河道，水动力是来自河流的能量。Wanke和Kupi油田之间地带为中河口湾低能带，由于混合地带的能量弱主要沉积泥岩。Kupi、Nantu、Horm-S油田位于外河口湾陆棚沙坝沉积地区，水动力来自潮流、潮汐及波浪，沉积潮汐沙坝和和潮汐沙坪，潮汐沙坝储层物性好。西部Auca古隆起高部位发育碳酸盐台地，其斜坡上发现近东西向的潮汐水道沉积，台地的低部位发现沿岸流控制的近南北向的潮汐沙坝沉积。

总体研究认为M1段沉积时受东部圭亚那地盾物源影响，多支河流携带着大量泥沙从东部和东南部入海，随着向海推进，河流作用减弱，波浪和潮汐增强，在能量混合低能带沉积大量泥岩；越过低能带，潮汐改造河流搬运来大量泥沙，发育潮汐沙坝和潮汐沙坪沉积；受局部微型古地貌构造控制，斜坡带砂岩富集，而古构造高部位砂岩不发育。

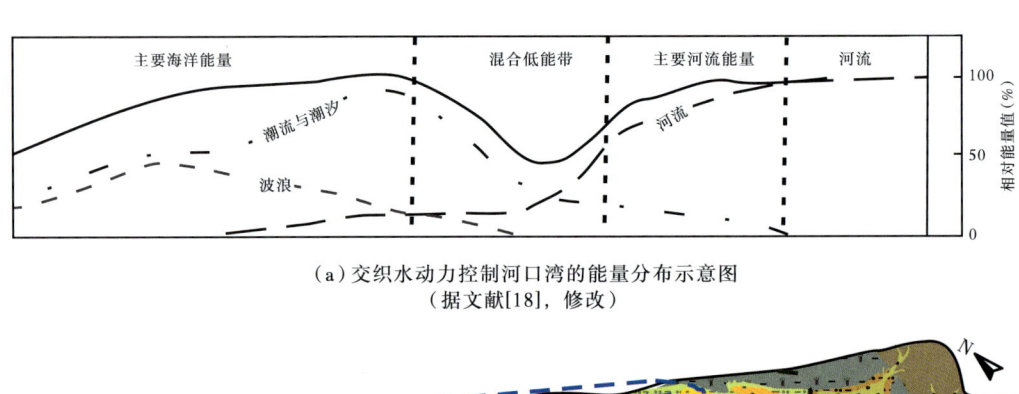

(a)交织水动力控制河口湾的能量分布示意图
（据文献[18]，修改）

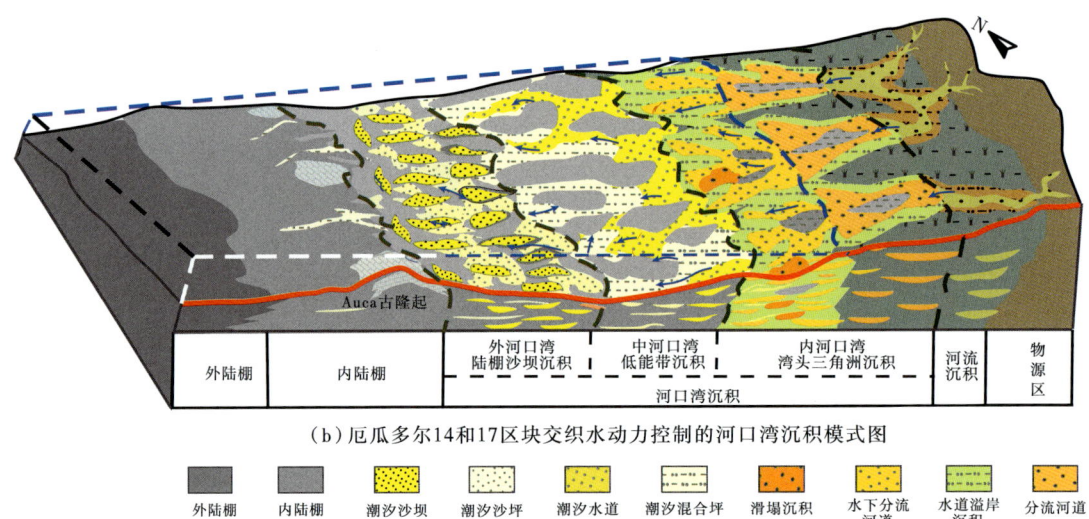

(b)厄瓜多尔14和17区块交织水动力控制的河口湾沉积模式图

图3-16 奥连特盆地M1段河口湾能量分布及沉积模式图

第二节 LU 亚段沉积相及沉积模式

一、古地貌和物源

1. LU 亚段沉积前古地貌

针对 LU 亚段沉积前古地貌恢复主要采用印模法，该方法视待恢复地貌结束剥蚀、上覆地层开始沉积时为一等时面，利用上覆地层与残余古地貌之间存在的"镜像"关系，通过上覆地层的厚度半定量恢复古地貌的形态。其具体做法为：首先选取区域范围内稳定的最大海泛面 M1 段泥岩的底作为基准面（其特点是 GR 值明显较高且全区稳定发育），该基准面到 LU 亚段底的地层厚度与 LU 亚段沉积前古地貌之间存在"镜像"关系，通过上覆地层厚度半定量恢复 LU 亚段沉积前的古地貌形态。

厄瓜多尔 14 和 17 区块 LU 亚段沉积前古地貌如图 3-17 所示，蓝色表示基准面到 LU 亚段底的地层厚大，古地貌低；红色表示基准面到 LU 亚段底的地层薄，古地貌高。LU 亚段沉积前古地貌总体表现为平缓特征，仅东部和西北部地貌较高，西南局部呈现洼隆相间的古地貌特征，中部地貌相对较低且沉积洼陷面积较大，为东部的物源向西推进提供了可容空间。

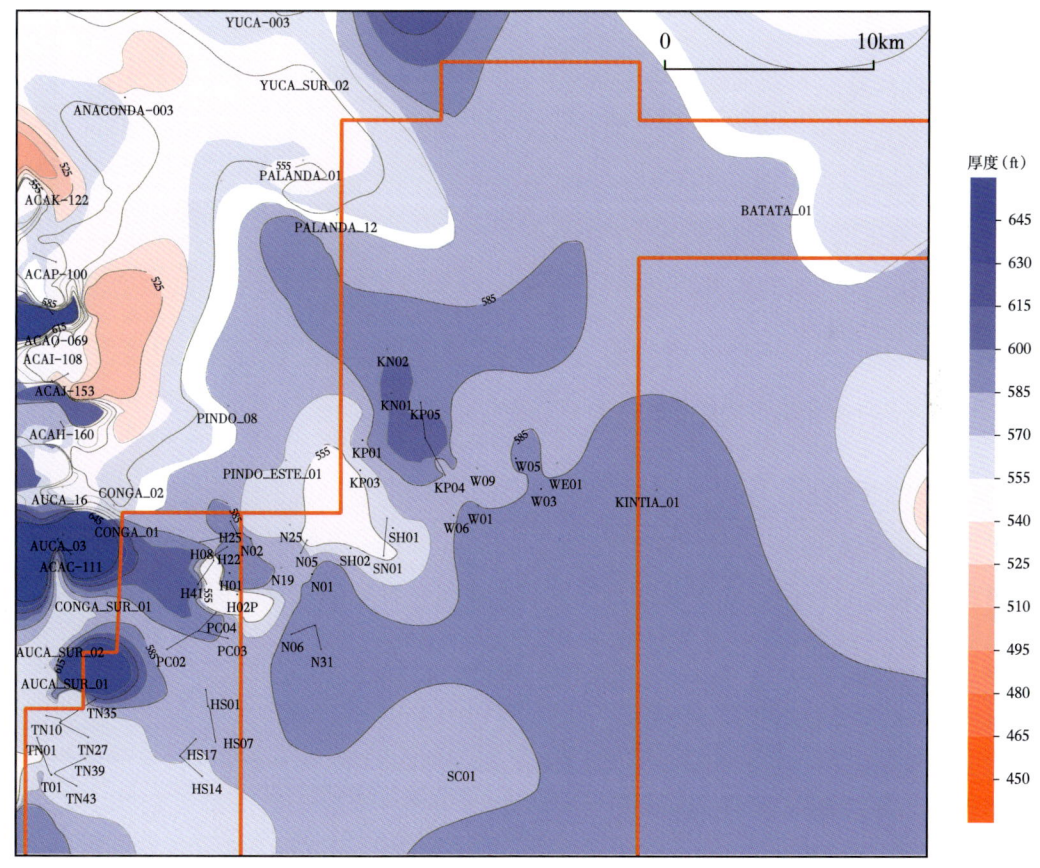

图 3-17　厄瓜多尔 14 和 17 区块 LU 亚段沉积前古地貌

2. 砂岩厚度变化趋势分析物源

基于砂岩厚度平面变化趋势对物源分析有一定的指示，砂岩厚度越大、砂地比越高的区域离物源越近。据数百口完钻井数据，编制了厄瓜多尔14和17区块及外围区LU亚段砂岩厚度分布图（图3-18），区域上东北部砂岩最厚达110ft、向西向南减薄至10ft，说明LU亚段沉积期的主体物源来自东部和东北部。其中Wanke油田和Nantu油田井区LU砂岩厚度较大，一般为30~50ft，为潮控三角洲前缘水下分支河道沉积，个别井钻遇薄层砂岩，分析为潮道间沉积。

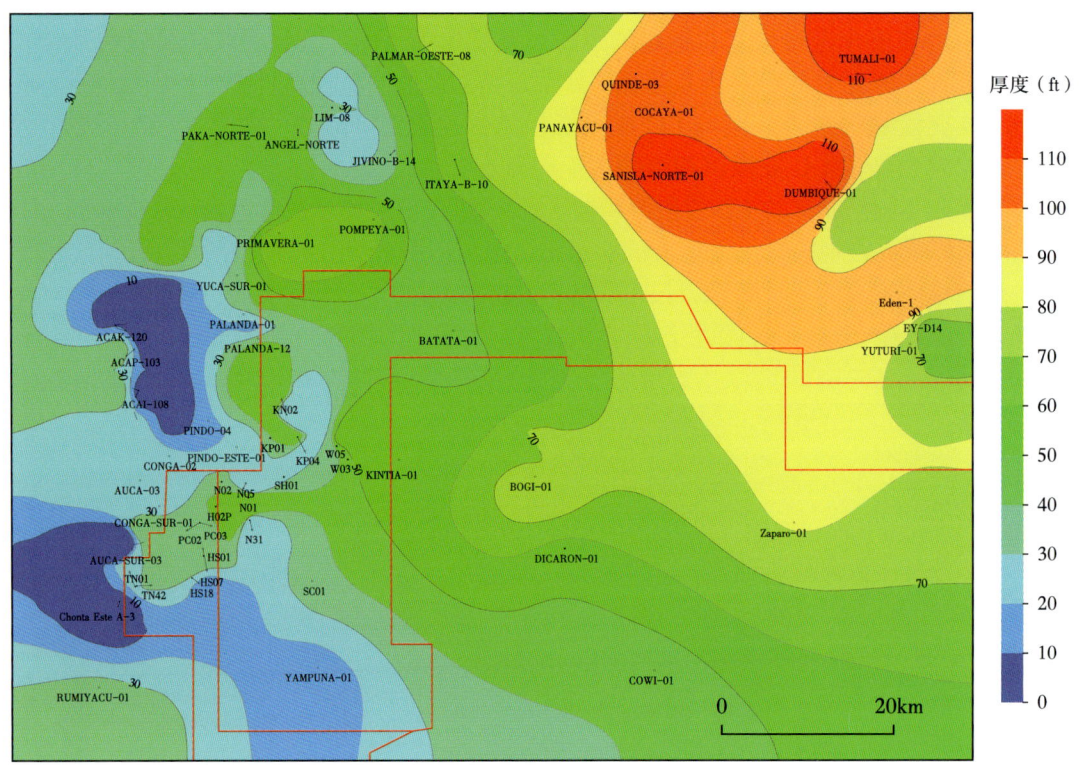

图3-18　厄瓜多尔14和17区块及外围区LU亚段砂岩厚度图

二、岩石学特征

1. 岩性特征

LU亚段泥页岩特征。LU亚段深色泥页岩主要是一种质地较纯的黑色至深灰色泥页岩，没有植物遗迹，生物较少。N02井9941~9948ft处取心为泥页岩，性脆且质地纯，深灰色页岩顶部见薄层煤沉积（图3-19a），属于陆棚泥或潮道间沉积。

LU亚段砂岩特征。LU亚段砂岩主要为分选好的灰白色潮汐石英砂岩，粒度以中—细粒为主，底部偶见少量的粗砂岩，磨圆度次棱角到次圆状，分选中等，成分成熟度和结构成熟度高，粒度向上变细。N04井石英含量达98%，成分成熟度高，杂基主要为伊利石和伊/蒙混层且含量2%，一般没有明显的胶结物。H02井9970~9976ft处发育石英砂岩（图3-19b），为潮汐水道砂岩沉积。

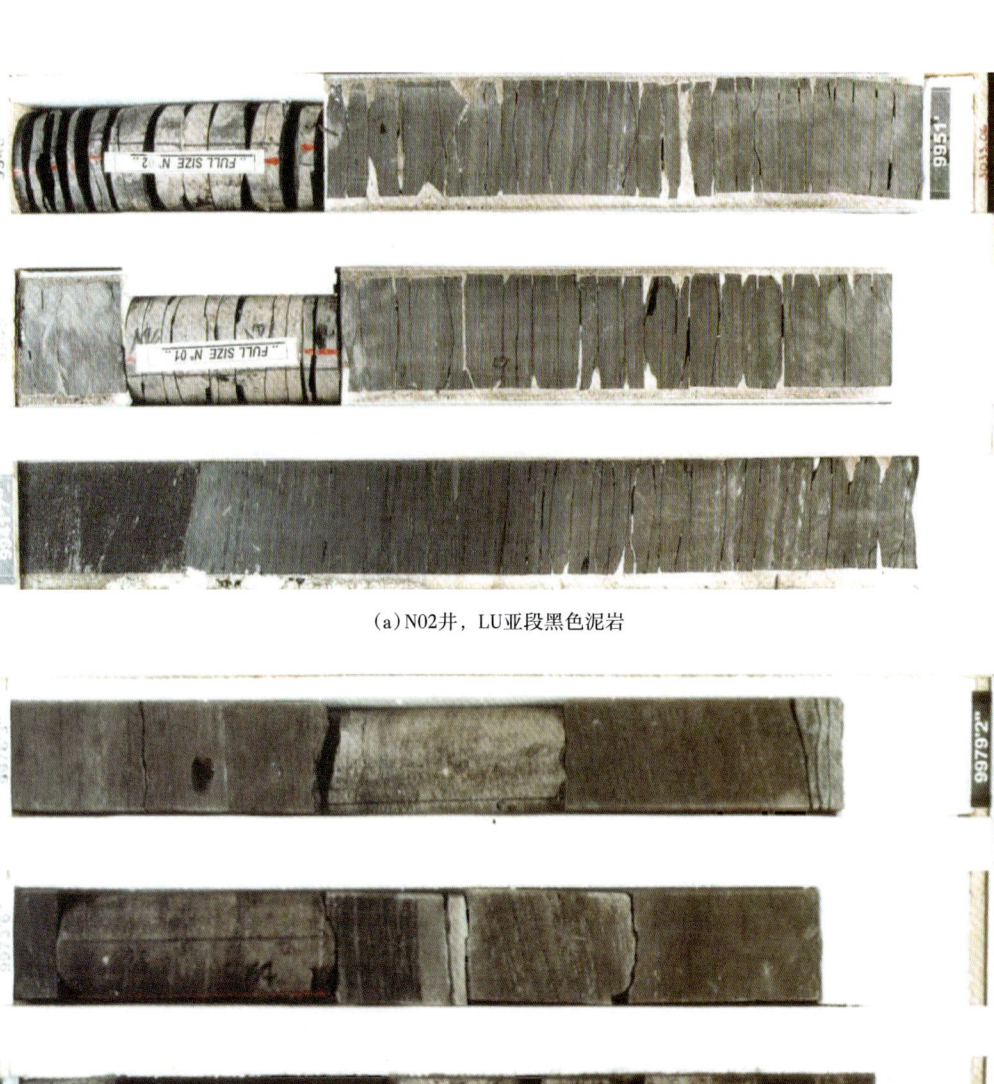

(a) N02井，LU亚段黑色泥岩

(b) H02井，LU亚段石英砂岩

图 3-19　厄瓜多尔 14 和 17 区块 LU 亚段岩性特征

2. 沉积构造

油田区 LU 亚段取心井发育多种层理构造，可见冲刷面、交错层理、波状层理、羽状交错层理和韵律层理（图 3-20）。N02 井和 H02 井 LU 亚段发育流水冲刷的沉积侵蚀面（图 3-20a、f），N02 井可见潮汐环境沉积的韵律层理、压扁层理、透镜状层理（图 3-20b、c、d）。H02 井 LU 亚段发育潮汐和波浪交织水动力控制的沉积构造，可见波状层理（图 3-20e）、交错层理（图 3-20g）和羽状交错层理（图 3-20h），为潮汐水道砂岩沉积。

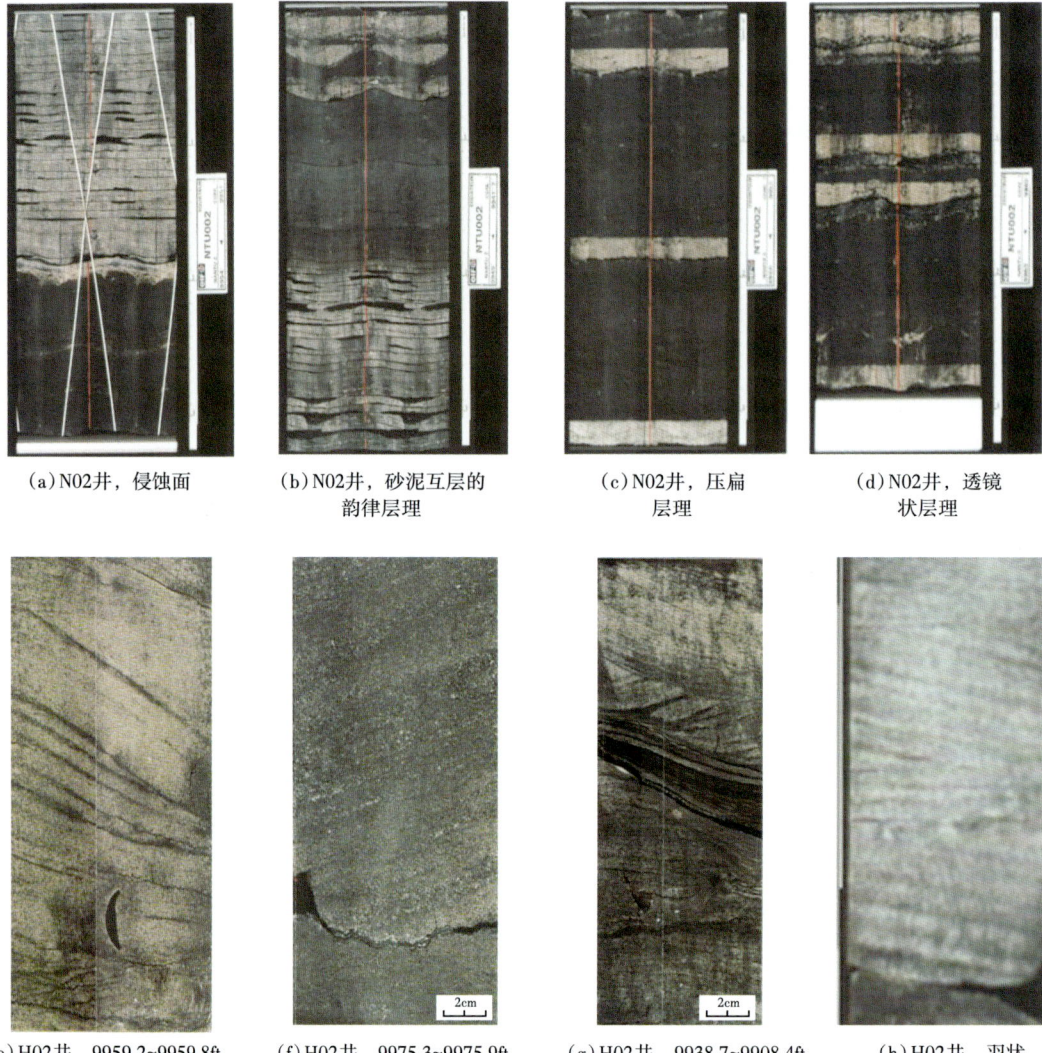

(a)N02井，侵蚀面　(b)N02井，砂泥互层的韵律层理　(c)N02井，压扁层理　(d)N02井，透镜状层理

(e)H02井，9959.2~9959.8ft，波状交错层理　(f)H02井，9975.3~9975.9ft，冲刷侵蚀面　(g)H02井，9938.7~9908.4ft，交错层理　(h)H02井，羽状交错层理

图 3-20　厄瓜多尔 14 和 17 区块 LU 亚段常见层理构造特征

三、沉积微相

综合古地貌、物源及岩石学研究成果，选取奥连特盆地 LU 亚段典型取心井进行单井相划分，结合连井剖面相和砂岩厚度平面分布特征研究沉积微相特征。

1. 单井相特征

N02 井位于研究区中部，LU 亚段的岩性以中砂岩、细砂岩和泥岩为主，交错层理普遍发育，GR 曲线以复合箱形为主，三角洲前缘沉积特征明显，整体为潮汐三角洲前缘环境（图 3-21）。其中 9944~9953ft 取心段为废弃河道充填或者河道间沉积，岩性为含云母的粉砂质黑灰色页岩夹薄层煤质化的植物碎屑；9958~9967.0ft 取心段岩性为含砾中粗石英砂岩，为多期潮汐水道的叠置；9964.4~9966.0ft取心段为粗粒石英砂岩、滞留沉积，为潮道底部沉积。

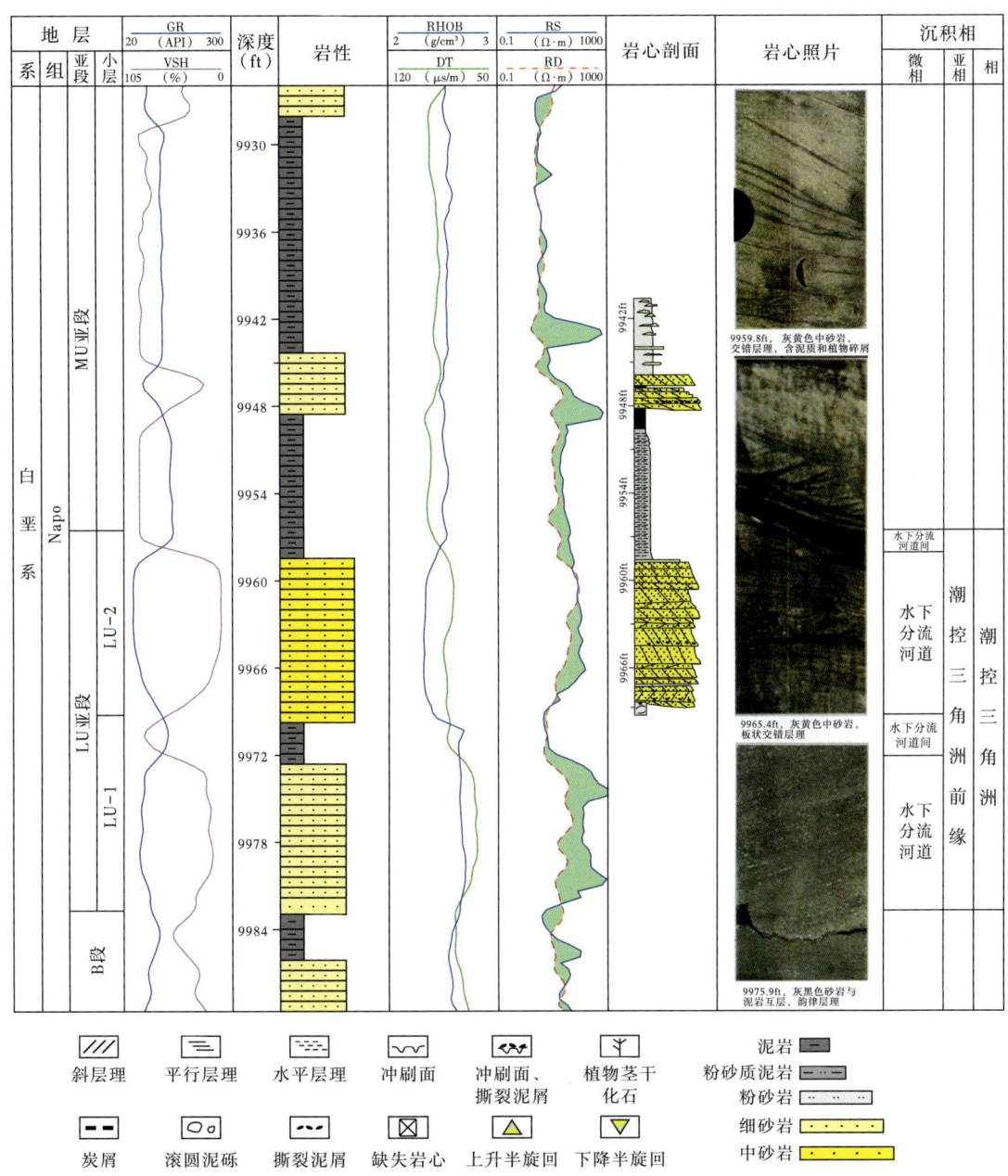

图3-21 厄瓜多尔14和17区块N02井LU亚段单井相图

H02井位于研究区中西部，LU亚段以槽状、板状交错层理的中—粗石英砂岩为主，分选好，砂岩底部见冲刷滞留沉积，整体为潮汐三角洲前缘环境（图3-22）。LU-1小层主要为中砂岩、细砂岩及粉砂岩，整体粒度较粗，为正粒序，普遍发育各种交错层理，

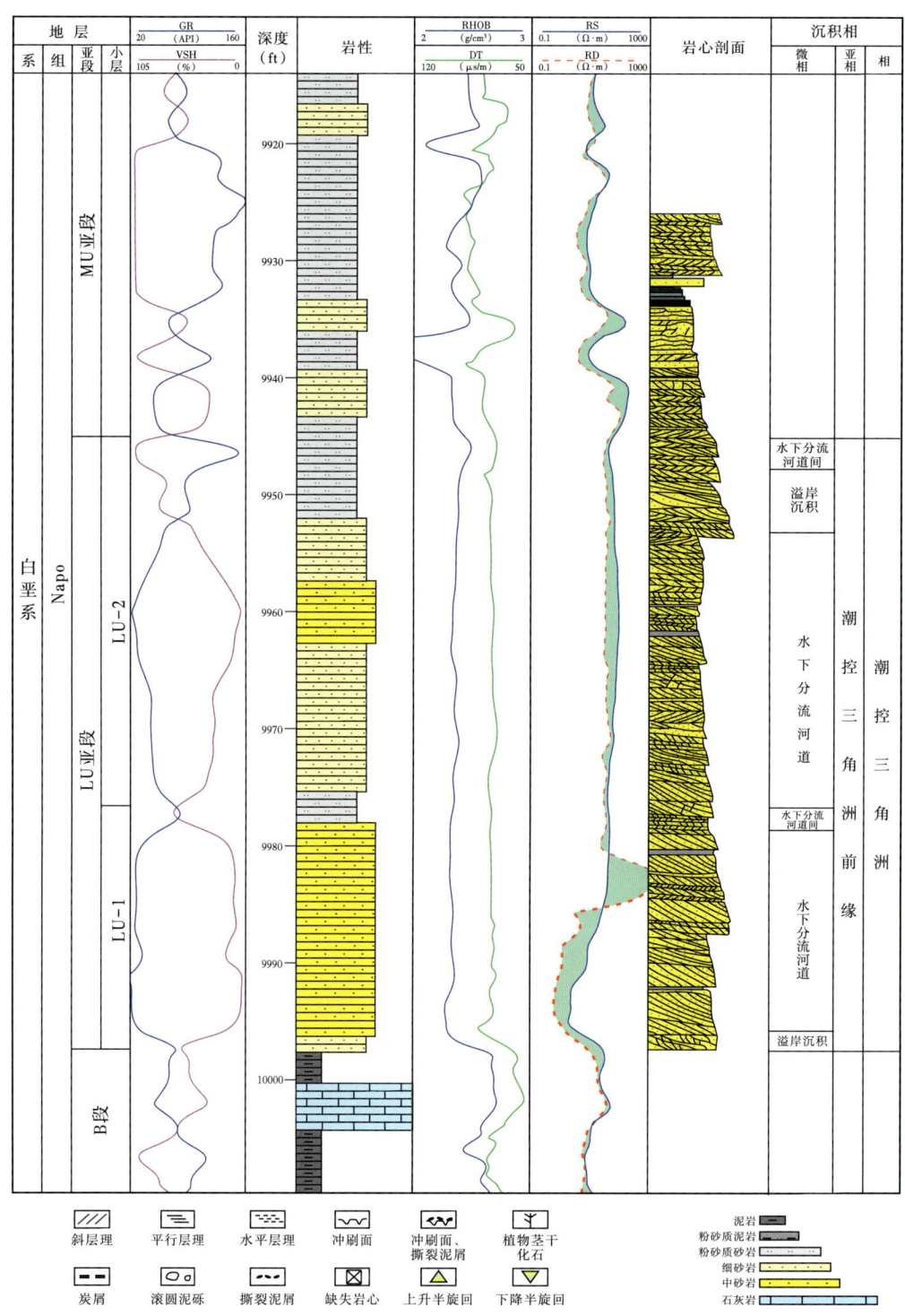

图 3-22　厄瓜多尔 14 和 17 区块 H02 井 LU 亚段单井相图

9978.5~9997.6ft 取心段中下部为河道充填的槽状交错层理，再向上可见双向流水构造发育，为潮汐水道沉积，测井 GR 曲线为复合箱形，为典型的两期叠置水下分流河道沉积；向上为潮汐沙坝沉积的细砂岩—极细砂岩，发育脉状层理。9931.2~9932.8ft 取心段为砂泥岩互层沉积，上部波状复合层理、脉状层理比较发育，为潮道间沉积。LU-2 小层主要发育细砂岩、中砂岩及粉砂岩，沉积微相以水下分流河道、溢岸沉积和水下分流河道间为主。

2. 剖面相特征

在研究区 Nantu 和 Wanke 油田之间建立了两条区域地质剖面，其中东西向 CONGA-02 井—BIGI-01 井地质剖面如图 3-23a 所示，物源来自东部，顺着物源方向 LU 亚段砂岩延伸较远至 Wanke 油田，在 BIGI-01 井、KIN01 井和 WE01 井为三角洲平原沉积，厚度大，垂向上多期砂岩叠置；随着物源向海推进，逐渐过渡为三角洲前缘，KP08 井钻遇前缘水道间沉积，砂岩不发育；PINDO-ESTE-01 井和 CONGA-02 井钻遇三角洲前缘砂，砂岩较薄，连续性差；总体来说东部砂岩比西部砂岩发育。其中南北向 YUCA-02 井—SC01 井地质剖面如图 3-23b 所示，横切物源方向，LU 亚段砂岩侧向连通，砂岩沉积厚度较大，垂向上多期砂岩叠置；总体来说南部砂岩比北部砂岩发育。

3. 平面相特征

LU 亚段沉积微相分布如图 3-24 所示，东部发育潮汐三角洲平原亚相，见潮汐水道和三角洲平原水道间沉积微相，平原水道主要呈东西向展布；西部发育潮汐三角洲前缘亚相，水动力作用变得更加复杂，潮汐水道主体仍呈东西向展布，潮汐沙坝近南北向展布，砂体分布范围较小。油田区形成多期潮汐水道叠置的砂岩发育区，Wanke 油田东部主水道在 W07 井附近分南北两个分支水道，其中北部分支水道入海后在 Kupi 油田形成三角洲前缘潮汐水道沉积，向海推进，在 Palanda-12 井区砂岩不发育，形成远端沙坪和沙坝沉积；南部分支水道向西延伸到 Nantu 油田和 Horm 油田，发育三角洲前缘潮汐水道沉积，至 Auca 地区形成远端潮汐沙坝沉积。

四、沉积模式

白垩纪晚期 Napo 组 LU 亚段沉积前盆地逐渐转为裂后热沉降阶段，东部圭亚那克拉通为白垩系沉积提供了充足的物源[27-28]，LU 亚段沉积主要物源来自东部，水道砂体展布方向与潮汐水流方向一致，大致为东西向，而潮汐沙坝展布方向则与水流方向近似垂直。LU 亚段潮控三角洲沉积模式如图 3-25 所示，盆地东部发育潮控三角洲平原的水道及水道间沉积；盆地中部发育潮控三角洲前缘沉积，为水下分流河道、水下分流河道间及前缘沙坪沉积，受潮汐作用影响而发育潮汐沙坝；随着沉积向盆地西部推进，水体进一步加深，发育内陆棚沉积，以前缘沙坝为主。其中，潮汐水道主要沉积中—细砂岩，发育潮汐韵律层理、透镜状层理和沉积再作用面，潮汐沙坝为中—细砂岩，垂向上常以正旋回为特征。

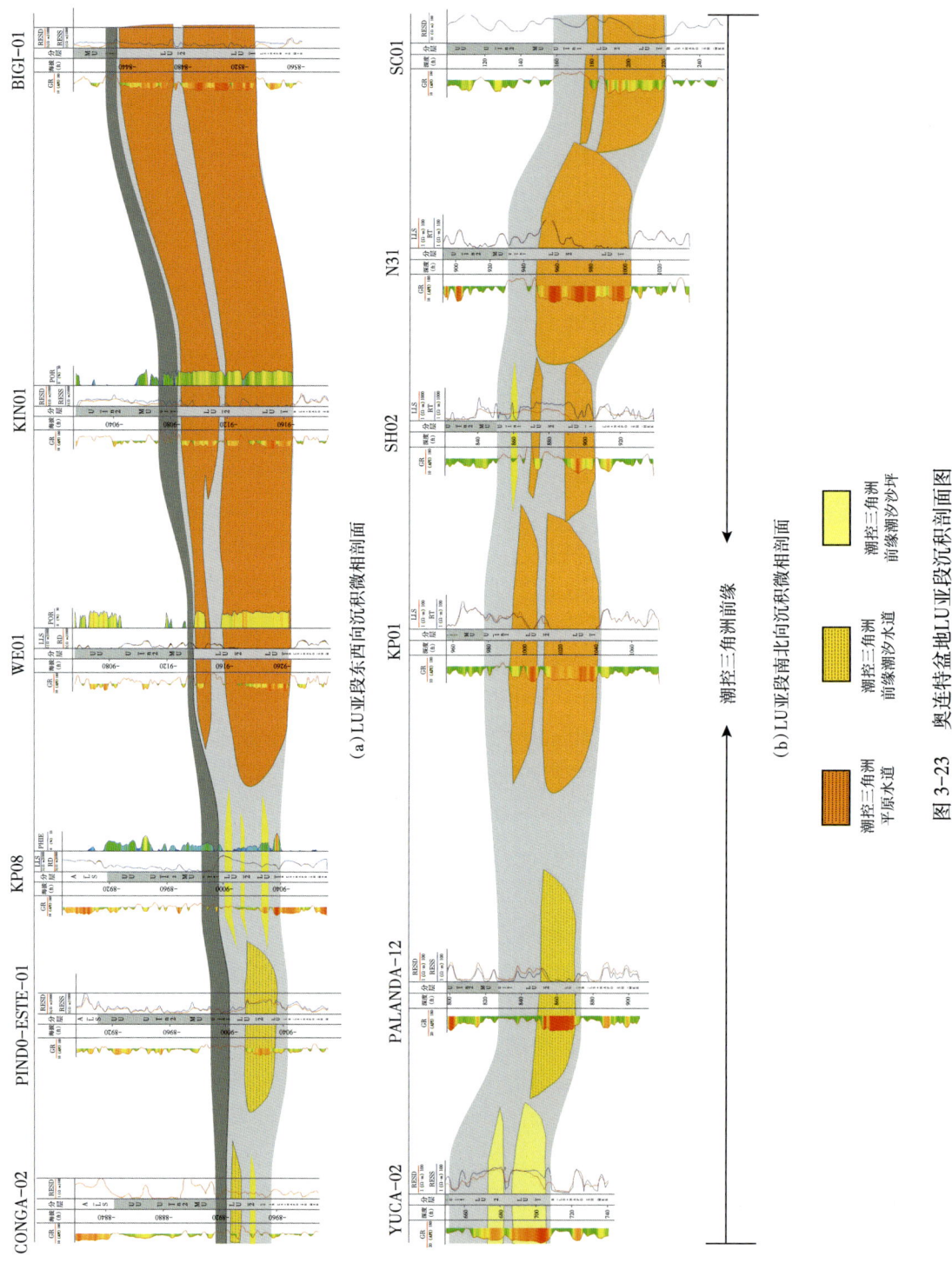

图 3-23 奥连特盆地 LU 亚段沉积剖面图

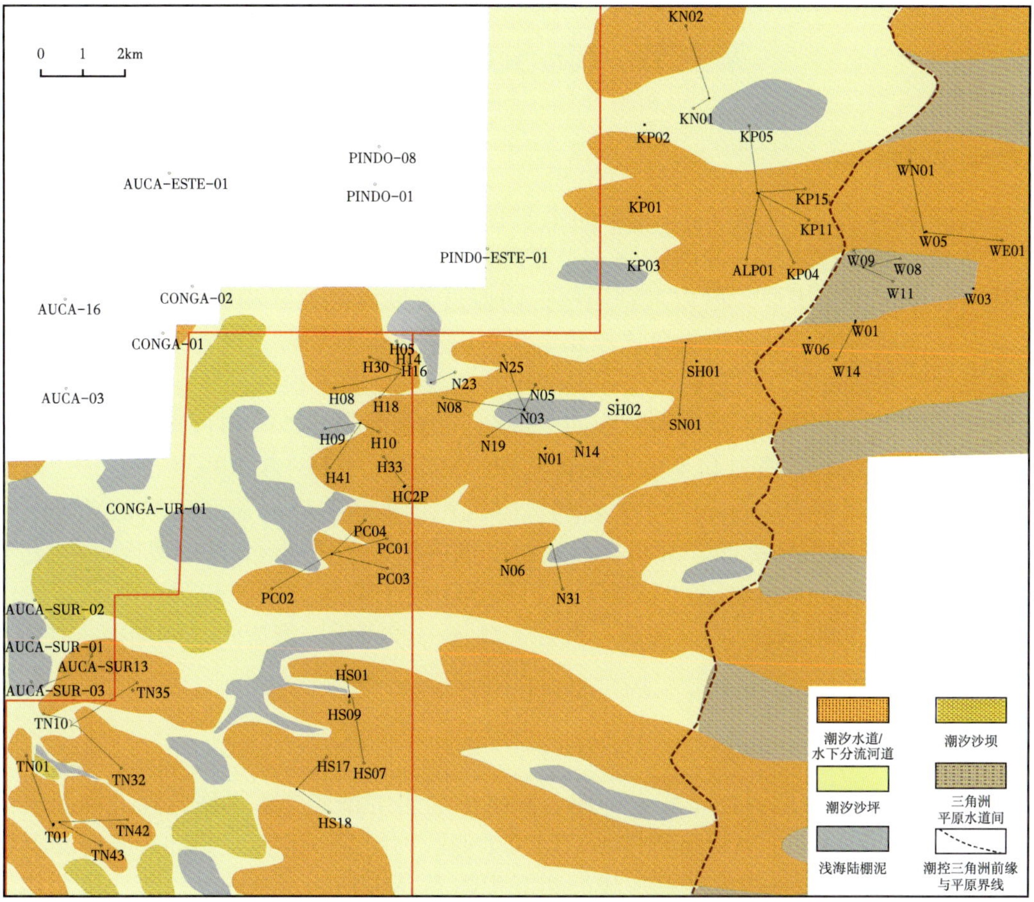

第三章 奥连特盆地 Napo 组沉积特征

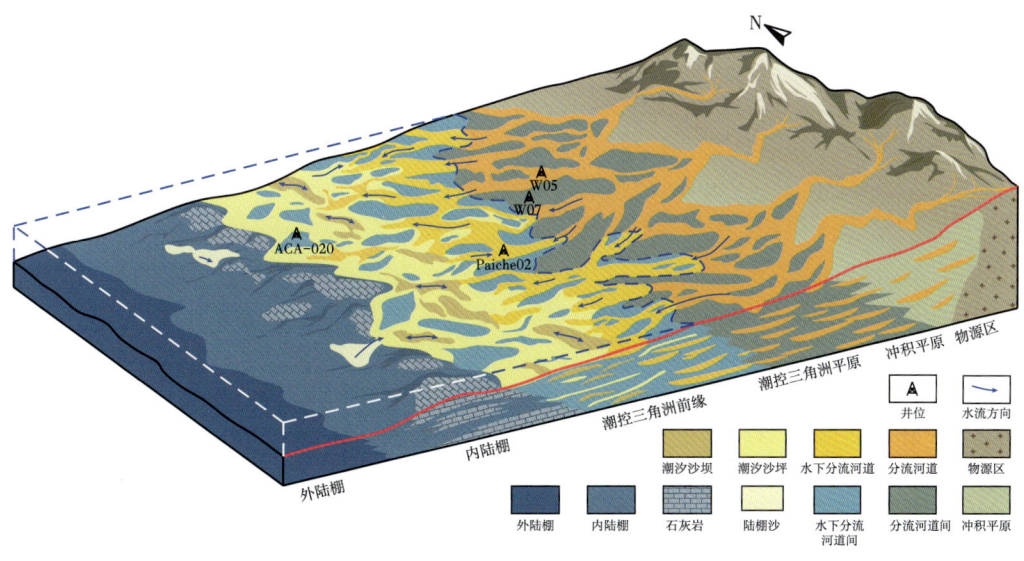

图 3-24 厄瓜多尔 14 和 17 区块 LU 亚段沉积微相平面图

图 3-25 奥连特盆地 Napo 组 LU 亚段潮控三角洲沉积模式图

第三节　Napo 组沉积模式

一、沉积模式

厄瓜多尔 14 和 17 区块 Napo 组纵向上发育碎屑岩和碳酸盐岩沉积，平面上自东向西为海岸平原—海陆过渡相—浅海陆棚—半深海的缓坡沉积模式（图 3-26）。同一沉积期的沉积物来自东部海岸平原，砂岩沉积最厚；向西过渡到海陆过渡相沉积，砂岩广泛发育，沉积减薄；向盆地中心过渡到浅海陆棚和半深海沉积，以石灰岩、泥岩为主。受海平面升降、物源供给和构造隆升的影响，Napo 组沉积时主要经历了 5 次海侵海退沉积[28-30]，T 段、U 段沉积属于第一、第二沉积旋回，旋回中部和下部为海绿石砂岩和石英砂岩沉积，旋回顶部为页岩、泥灰岩、泥岩和少量石灰岩沉积。M2-LS、M1-LS 沉积属于第三、第四沉积旋回，主要为泥灰岩、石灰岩、泥岩和页岩沉积，表现为碎屑岩和碳酸盐岩的混合沉积。M1 段属于第五沉积旋回，沉积具有交错层理、羽状交错层理的中—细砂岩。厄瓜多尔 14 和 17 区块的 5 个含油层段 LT/UT/LU/UU/M1 位于第一、第二和第五沉积旋回，主要发育河流—河口湾—浅海相、河流—潮控三角洲—浅海相、滨岸—浅海陆棚—浅海相 3 套沉积体系。

二、沉积体系

奥连特盆地 Napo 组纵向上发育碎屑岩和碳酸盐岩沉积，受海平面升降、物源供给和构造隆升影响，发育 3 个主要沉积体系，LU/LT 亚段为河流—潮控三角洲—浅海相沉积体系，UU/UT 亚段为滨岸—浅海陆棚—浅海相沉积体系，M1 段为河流—河口湾—浅海相沉积体系。

1. 河流—潮控三角洲—浅海相沉积体系

Napo 组 LU 和 LT 亚段砂岩沉积特征相似，均为河流—潮控三角洲—浅海相沉积体系，砂岩为纯净的厚层水道砂岩，分布相对稳定。LU 亚段砂岩主要分布于盆地东北部，向西减薄，东部砂岩厚度最大 60ft。LT 亚段砂岩主要分布于盆地中东部，向西减薄，东部斜坡带砂岩厚度最大为 80ft，中部前渊带厚度为 20~40ft，至西部逆冲带逐渐减至 10ft。

LT 和 LU 亚段沉积时期，河流携带的大量泥沙入海，潮汐作用的控制远大于河流作用，发育潮控三角洲沉积（图 3-25）。受海平面升降、水动力强弱及物源供给影响，LT 亚段和 LU 亚段具有相似沉积特征：盆地东部物源区，发育潮控三角洲平原亚相，见分流水道和分流水道间微相，分流水道呈条带、枝状分布；下游发育潮控三角洲前缘亚相，以潮流为主，发育潮汐水道和潮汐水道间沉积；河流携带的泥沙在河口区或者其前缘向海方向，常因双向潮汐流和河流洪水的冲刷、改造作用，将河流携带的沉积物在河口前方改造形成呈指状散射且断续分布的、平行或近似平行于潮汐流方向的长几千米至几十千米的潮汐沙坝，它们充填于潮沟之内或分布其两侧。受潮汐作用的强烈影响，潮控三角洲前缘沉积具有双向水流构造、泥岩披覆层和垂直岸线延伸的潮汐水道，是区别于河控和浪控三角洲的主要标志。

第三章 奥连特盆地 Napo 组沉积特征

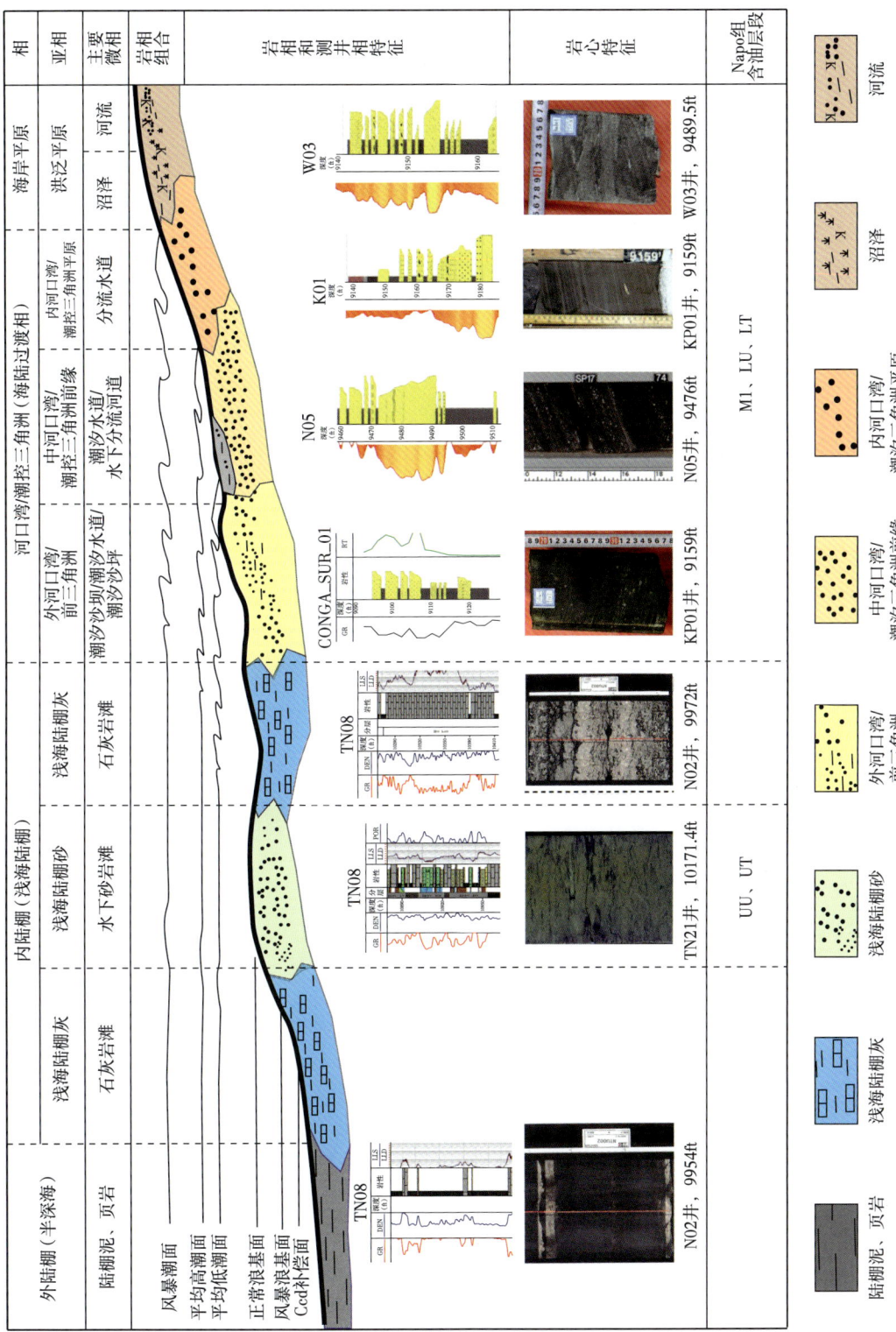

图 3-26 厄瓜多尔14和17区块Napo组沉积模式

2. 滨岸—浅海陆棚—浅海相沉积体系

Napo 组 UU 和 UT 亚段沉积时广泛海侵，构造活动微弱，构造对沉积的控制作用较小，物源缺乏，自东向西发育滨岸—浅海陆棚—浅海相沉积体系。UU 和 UT 亚段岩性为富含海绿石的硅质碎屑岩，是相对海平面上升期的内陆棚沉积产物，海绿石砂岩的海绿石含量为 10%~50%，与石灰岩或泥岩互层，其发育交错层理及丰富的生物扰动构造。海绿石一般形成于有机质丰富的温暖浅海、慢速、弱还原沉积环境，海绿石沉积通常与海侵沉积有关，海绿石石化作用发生在深度大于 50~500m 的中至外大陆架，海平面上升和海侵期使海绿石石化带着颗粒基质向岸边移动到大陆上，通常生长在低沉积物输入地区的大陆架外边缘。浅海陆棚包括内陆棚和外陆棚，发育水下砂岩浅滩、石灰岩滩和外陆棚泥 3 种类型沉积（图 3-25），其上限位于浪基面附近，下限水深一般 200m 左右；其中水下浅滩含分布广泛的海绿石石英砂岩，与石灰岩或泥岩互层；石灰岩滩主要为泥粒灰岩或粒泥灰岩，颗粒灰岩较少，表现为盆内沉积的化学沉积，如 TN08 井的 M2 段石灰岩段的泥粒灰岩；外陆棚泥岩位于碳酸盐岩沉积补偿面之下，主要为陆源泥岩或灰泥沉积，如 TN08 井的黑色泥岩沉积。

3. 河流—河口湾—浅海相沉积体系

Napo 组 M1 段为河流—河口湾—浅海相沉积体系（图 3-16），受潮汐作用影响较大。M1 砂岩在盆地的东部为厚层水下分流河道沉积，研究区以潮汐水道和潮汐沙坝沉积为主，砂岩较薄，横向变化快。取心井沉积构造显示 M1 砂岩沉积时受潮汐、波浪和河流作用影响，具有浪控和潮控河口湾的复合特征：发育水下分支河道沉积的粗粒滞积层、递变层、槽状和板状交错层理，也有潮汐沉积中常见的双向交错层理、透镜状层理、波状层理、脉状层理和再作用面等；交错层理及波痕等显示古水流方向复杂多变。

参 考 文 献

[1] 叶蕾，朱筱敏，谢爽慧，等. 沉积古地貌基本恢复方法及实例研究：以饶阳凹陷沙一段为例[J]. 古地理学报，2023，25（5）：1139-1155.

[2] 庞军刚，杨友运，李文厚，等. 陆相含油气盆地古地貌恢复研究进展[J]. 西安科技大学学报，2013，33（4）：424-430.

[3] 吴丽艳，陈春强，江春明，等. 浅谈我国油气勘探中的古地貌恢复技术[J]. 石油天然气学报，2005，27（4）：559-560.

[4] 赵俊兴，陈洪德，时志强. 古地貌恢复技术方法及其研究意义：以鄂尔多斯盆地侏罗纪沉积前古地貌研究为例[J]. 成都理工学院学报，2001，28（3）：260-266.

[5] 王敏芳，焦养泉，任建业，等. 沉积盆地中古地貌恢复的方法与思路：以准噶尔盆地西山窑组沉积期为例[J]. 新疆地质，2006，24（3）：326-330.

[6] 赵雪松，高志勇，冯佳睿，等. 库车前陆盆地三叠系—新近系重矿物组合特征与盆山构造演化关系[J]. 沉积学报，2014，32（1）：68-77.

[7] 彭治超，付星辉，刘俊超，等. 沉积物源分析方法及研究进展[J]. 西安文理学院学报（自然科学版），2017，20（1）：116-121.

[8] 李艳，李安春，黄朋. 大连湾近海表层沉积物重矿物组合分布特征及其物源环境指示[J]. 海洋地质与第四纪地质，2011，31（6）：18-19.

[9] 张尧，韩宗珠，艾丽娜，等. 黄海全新世泥质体表层沉积物重矿物特征及其指示意义[J]. 中国海洋大

学学报（自然科学版），2018，48（11）：108-118.

[10] 韩宗珠，衣伟虹，李敏，等．渤海湾北部沉积物重矿物特征及物源分析[J]．中国海洋大学学报（自然科学版），2013，43（4）：73-79

[11] Vallejo C, Tapia D, Gaibor J, et al. Geology of the Campanian M1 sandstone oil reservoir of eastern Ecuador: A delta system sourced from the Amazon Craton[J]. Marine and Petroleum Geology, 2017, 86: 1207-1223.

[12] Lin S, Olariu C, Steel R. Provenance, Geochronology and Geological Synthesis of the M1 and Basal Tena Sandstones, Oriente Basin, Ecuador[J]. Journal of Sedimentary Research, 2015, 95 (4): 874-880.

[13] Vallejo C, Romero C, Horton B K, et al. Jurassic to Early Paleogene sedimentation in the Amazon region of Ecuador: implications for the paleogeographic evolution of northwestern South America [J]. Global and Planetary Change, 2021, 204: 103555.1-103555.28.

[14] Vallejo C, Spikings R A, Horton B K. Late Cretaceous to Miocene stratigraphy and provenance of the coastal forearc and Western Cordillera of Ecuador: Evidence for accretion of a single oceanic plateau fragment [M]//Horton B K, Folguera A. Andean Tectonics. Texas: Elsevier, 2019: 209-236.

[15] Horton B K. Sedimentary record of Andean mountain building[J]. Earth-Science Reviews, 2018, 178: 279-309.

[16] 姜在兴．沉积学[M]．北京：石油工业出版社，2023：442-504.

[17] 齐永安．河口湾相模式研究[J]．地质科技情报，1999，18（1）：45-49.

[18] Dalrymple R W, Zaitlin B A, Boyd R. Estuarine facies models: conceptual basis and stratigraphic implications[J]. Journal of Sedimentary Research, 1992, 62 (6): 1130-1146.

[19] 张天宇．Oriente 盆地 A 油田 M1 层潮控河口湾沉积微相研究及储层描述[D]．青岛：中国石油大学（华东），2019.

[20] 赵霞飞，胡东风，张闻林，等．四川盆地元坝地区上三叠统须家河组的潮控河口湾与潮控三角洲沉积[J]．地质学报，2013，87（11）：1748-1762.

[21] 丁增勇，陈文学，熊丽萍，等．厄瓜多尔奥连特盆地构造演化特征[J]．新疆石油地质，2010，31（2）：211-215.

[22] 付志方，高君，孔凡军，等．奥连特盆地 17 区块南部差异性构造演化与非稳态油藏[J]．石油实验地质，2019，41（2）：222-233.

[23] 陈诗望，姜在兴，滕彬彬，等．厄瓜多尔奥连特盆地白垩系 M1 油藏沉积储层新认识[J]．地学前缘，2012，19（1）：182-186.

[24] 陈诗望，姜在兴，田继军，等．厄瓜多尔 Oriente 盆地南部区块沉积特征[J]．海洋石油，2008，28（1）：31-35.

[25] Tan X, Chen S, Hong T, et al. Production data-based facies analysis for well placement in thinlayered reservoir[J]. Energy Geoscience, 2022, 3 (3): 219-234.

[26] 刘慧盈，张克鑫，国殿斌，等．厄瓜多尔 Oriente 盆地 DF 油田白垩系 M1 层沉积特征[J]．东北石油大学学报，2018，42（6）：32-41.

[27] Shanmugan G, Poffenberger M, Álava J T. Tide-dominated estuarine facies in the Hollin and Napo ("T" and "U") formations (Cretaceous), Sacha Field, Oriente Basin, Ecuador[J]. AAPG Bulletin, 2000, 84 (5): 652-682.

[28] 刘芳．厄瓜多尔 Oriente 盆地中北部 14 和 17 区块白垩系 Napo 组 T-U 段层序地层和沉积体系研究[D]．北京：中国地质大学（北京），2015.

[29] 陈诗望，姜在兴，高彦楼，等．厄瓜多尔 Oriente 盆地南部区块沉积相模式及有利目标区预测[J]．油气地质与采收率，2008，15（2）：20-24.

[30] 丁增勇，陈文学．厄瓜多尔 Oriente 盆地 Horm-Nantu 油田 Napo 组潮坪微相研究[J]．海洋地质与第四纪地质，2009，29（6）：43-50.

第四章 隐蔽油藏滚动勘探开发关键技术

第一章至第三章系统阐述了奥连特盆地及厄瓜多尔14和17区块构造、沉积和油气成藏特征，明确了在奥连特盆地前渊带已发现的低幅度构造、岩性、岩性—构造、水动力及低电阻率等多种类型隐蔽油藏特征及控制因素，揭开了笔者在长期滚动勘探开发技术支持中产生的地质和油藏认识方面的疑惑。针对厄瓜多尔14和17区块复杂多样的隐蔽油藏，如何有效识别发现、精准预测和高效开发该类油藏，需要针对性的配套技术和方法。本章将系统介绍厄瓜多尔14和17区块隐蔽油藏滚动勘探开发攻关取得的系列关键技术。第一节主要介绍海绿石石英砂岩测井评价技术：通过观察大量岩心薄片，发现海绿石矿物组分在石英砂岩储层中呈胶结物和颗粒两种赋存状态，并建立了测井解释海绿石双组构体积模型，落实了UT低电阻率油藏开发潜力。第二节主要介绍低幅度构造识别技术：基于趋势面驱动的叠后地震数据连片一致性处理、时—频衰减高精度合成记录标定和解释及各向异性变速成图，精细刻画了低幅度构造，发现了一批低幅度构造油藏。第三节重点介绍超薄砂岩地球物理预测技术：采用分频迭代去噪拾取薄层弱反射系数，以重构叠后宽频有效信号为约束，开展相控波形非线性反演，定量预测了埋深3000m的2~5m厚的潮汐水道砂岩，发现了多个M1超薄层岩性油藏。第四节介绍水动力油藏识别技术：依据区域水动力条件，分析低幅度构造油藏油—水界面趋势及能量特征，明确了LU水动力油藏特征并实现滚动扩边。第五节整体介绍隐蔽油藏滚动勘探开发策略：探索建立了适合热带雨林地表和隐蔽油藏特点的滚动勘探开采策略，即采取"整体部署、分批实施、跟踪评价、及时调整"，实现滚动勘探评价和快速建产。

第一节 海绿石石英砂岩测井评价技术

全球已发现的海绿石砂岩油藏数量非常少，主要发育于白垩系和古近系，例如埃及苏伊士湾October油田和西沙漠地区Razzak油田、美国密西西比州Trimble油田等[1]。奥连特盆地厄瓜多尔14和17区块UU和UT亚段以及Upper Hollin组等发育海绿石石英砂岩油藏，其中UT亚段为TN油田重要产油层之一。与常规石英砂岩油层相比，海绿石石英砂岩油层具有很大的隐蔽性，表现为录井油气显示级别低、测井电性特征相对低的孔隙度和电阻率，因此在早期勘探开发过程中，利用常规石英砂岩测井解释模型多将其解释为差油层或干层，从而漏失了海绿石石英砂岩油层。

一、海绿石石英砂岩低电阻率油层成因

1. UT储层特征

UT储层中的海绿石石英砂岩粒度变化较大，多为极细粒—细粒，磨圆度以次棱角

状—次圆状为主，分选中等，海绿石含量为0~45%。孔隙度一般为6%~20%，平均为13.5%；渗透率一般为0.1~100mD（图4-1），平均为8.4mD；储层物性总体属于中低孔隙度—低渗透率。

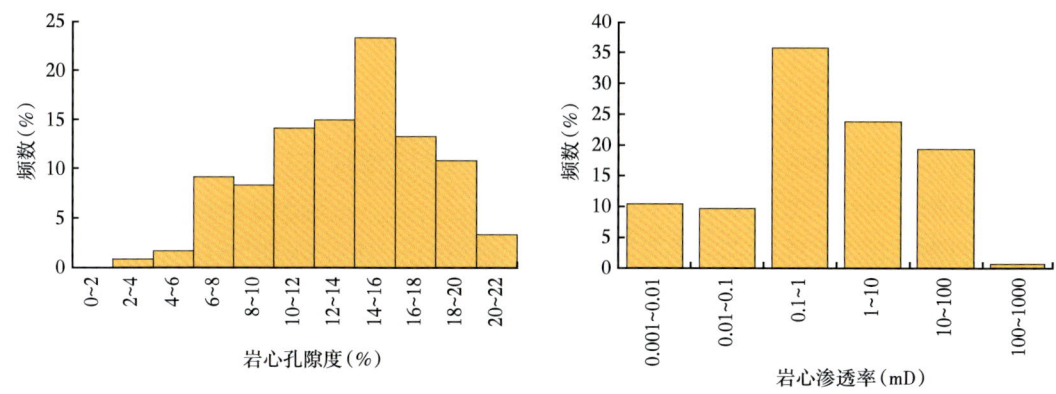

图4-1　厄瓜多尔14和17区块UT亚段储层孔隙度和渗透率直方图

海绿石中钾含量一般高于6%，其放射性核素 ^{40}K 的含量为5.08%~5.30%，而一般砂岩中 ^{40}K 的含量为1.3%。由于海绿石没有固定的分子式，无法准确确定海绿石石英砂岩骨架密度，其密度与其间各矿物含量有关（主要与铁含量有关），为2.40~2.95g/cm³，一般测井认为其骨架密度为2.8g/cm³，比砂岩骨架密度高，为高密度矿物。

由于海绿石具有高放射性、高密度、高中子能量损失及固有阳离子交换能力，当石英砂岩中含海绿石矿物时，其测井响应特征会发生异常变化，且各曲线异常幅度与海绿石含量呈正相关关系。与常规石英砂岩相比，海绿石石英砂岩测井响应特征具有"四高一低"的特点，"四高"为高自然伽马、高密度、高中子孔隙度、高光电吸收截面指数，"一低"为低电阻率。

2.低电阻率油层成因

海绿石是一种富含水、钾、铁、铝硅酸盐自生的云母类表生矿物，属于黏土矿物的范畴，一般呈现浅绿色、黄绿色或深绿色特征。海绿石是原始矿物在还原环境中形成的产物，是海相和海侵相沉积的重要指示矿物，通常在砂岩中以填隙物赋存形式存在[2-3]。厄瓜多尔14和17区块UT亚段海绿石石英砂岩低电阻率油层电阻率一般为6~15Ω·m，而其邻近的水层电阻率则为3~13Ω·m，两者的电阻率十分接近且出现交叉现象，导致常规测井解释方法容易将低电阻率的油层解释为水层或干层。相邻区块UT亚段实验分析表明，造成UT亚段海绿石石英砂岩油层低电阻率的原因如下：一是砂岩颗粒粒度细，颗粒吸附水使束缚水饱和度增大，降低了油层电阻率；二是海绿石发育丰富的微孔隙，吸附水溶液中离子的能力加大，使束缚水饱和度明显增高，进而降低油层电阻率；三是海绿石矿物富含铁离子，铁离子交换能力强，具有良好的导电性能，因此，海绿石的附加导电性导致海绿石石英砂岩油层电阻率降低[4]。

二、海绿石石英砂岩测井评价方法

由于构成海绿石石英砂岩的岩石矿物组分复杂多样，以及其赋存状态的差异，导致每一种矿物组分的骨架响应值不同，岩石的综合骨架值无法确定，岩心刻度法存在明显缺陷，计算精度达不到储层定量评价标准。因此，针对安第斯南区 UT 亚段海绿石石英砂岩储层，采用"岩石物理体积模型法"建立海绿石石英砂岩测井解释模型。采用基于多矿物分析的最优化测井解释技术，以体积理论为基础，以最优化解释为目标，综合利用多条常规测井曲线进行复杂岩性储层评价，使其能够较为准确地识别出岩石矿物类型、其相对体积含量及孔隙流体信息，从而有效地评价复杂岩性储层。

1. 海绿石石英砂岩体积模型

富含海绿石石英砂岩主要矿物成分为石英、方解石、海绿石和伊利石。由于海绿石砂岩中高导矿物的存在，造成油层表现为低电阻率油层特征，常规测井解释方法很难有效识别[5]。通过对工区 UT 亚段岩心薄片观察，发现海绿石矿物呈现两种赋存形式，一种是极细粒度、以填充和搭桥等填隙物形式分散在基质孔隙空间中，类似于胶结物，称为分散海绿石；另一种是以粪球粒、球粒等颗粒形式与石英颗粒等基质共同组成矿物骨架，类似于基质颗粒，称为结构海绿石（图 4-2）。

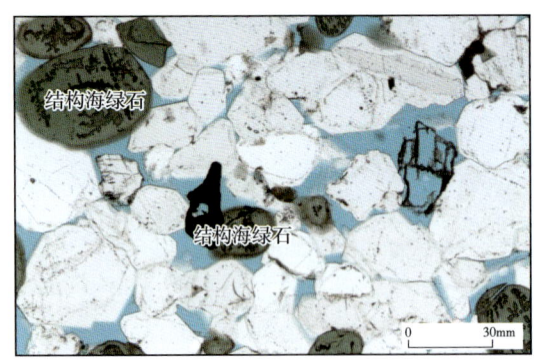
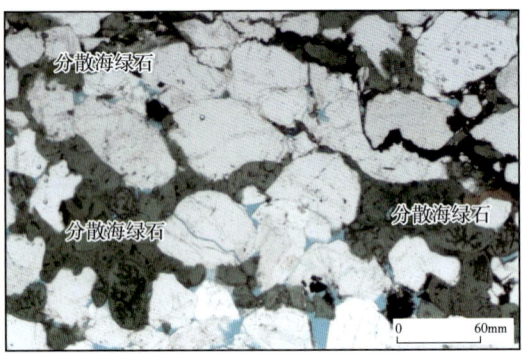

图 4-2　厄瓜多尔 14 和 17 区块 UT 亚段结构海绿石和分散海绿石石英砂岩岩心薄片照片

通过建立石英砂岩中海绿石的双组构体积模型（图 4-3），岩石体积包括孔隙体积（油/气和水）、黏土矿物（分散海绿石和伊利石）、矿物骨架（结构海绿石、石英和方解石矿物）。

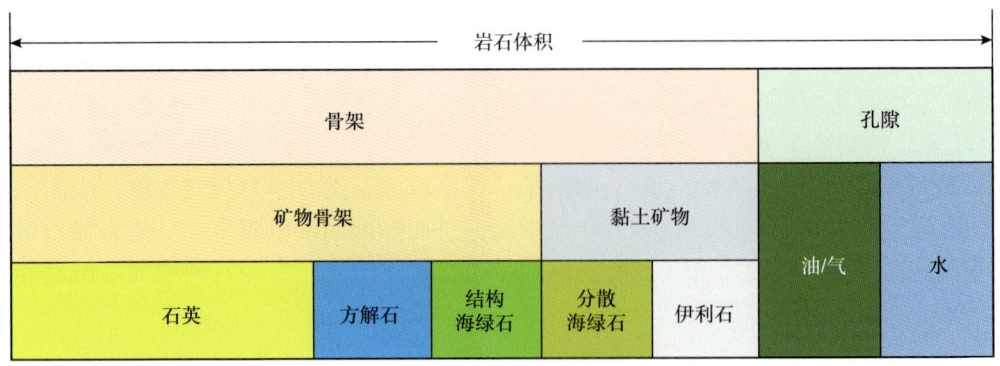

图 4-3　厄瓜多尔 14 和 17 区块 UT 亚段富含海绿石的石英砂岩双组构体积模型

富含海绿石的石英砂岩双组构体积模型为：

$$1 = \phi_t + V_{伊利石} + V_{分散海绿石} + V_{石英} + V_{结构海绿石} + V_{方解石} \tag{4-1}$$

式中　ϕ_t——总孔隙度；

　　　$V_{伊利石}$——伊利石体积；

　　　$V_{分散海绿石}$——分散海绿石体积；

　　　$V_{石英}$——石英体积；

　　　$V_{结构海绿石}$——结构海绿石体积；

　　　$V_{方解石}$——方解石体积。

2. 黏土含量模型及渗透率计算

当石英砂岩中含有海绿石矿物时，会导致自然伽马值增加，直接利用自然伽马值计算黏土含量，可能会使计算结果偏高。因此，利用自然伽马、中子—密度交会图两种方法分别计算黏土含量，取二者的极小值作为最终黏土含量（V_{cl}）。

$$V_{cl} = \min(V_{cl-GR}, V_{cl-DN}) \tag{4-2}$$

$$V_{cl-GR} = 1.7 - \sqrt{3.38 - (\Delta GR + 0.7)^2}$$

$$\Delta GR = \frac{GR - GR_{min}}{GR_{max} - GR_{min}}$$

$$V_{cl-DN} = A/B$$

$$A = \rho_b(\phi_{Nma} - 1) - \phi_N(\rho_{ma} - \rho_f) - \rho_f \phi_{Nma} + \rho_{ma}$$

$$B = (\rho_{sh} - \rho_f)(\phi_{Nma} - 1) - (\rho_{ma} - \rho_f)(\phi_{Nsh} - 1)$$

式中　V_{cl-GR}——利用自然伽马值计算的黏土含量；

　　　V_{cl-DN}——利用中子—密度交会图计算的黏土含量；

　　　ΔGR——自然伽马相对值，API；

　　　GR——地层自然伽马测井值，API；

　　　ρ_b——地层密度，g/cm^3；

　　　ϕ_N——地层中子孔隙度；

　　　A、B——不同计算系数；

　　　GR_{max}——砂岩骨架的自然伽马测井值，API；

　　　ρ_{ma}——砂岩骨架密度，g/cm^3；

　　　ϕ_{Nma}——砂岩骨架视中子孔隙度；

　　　GR_{min}——纯泥岩的自然伽马测井值，API；

　　　ρ_{sh}——纯泥岩密度，g/cm^3；

　　　ϕ_{Nsh}——纯泥岩视中子孔隙度；

ρ_f——流体密度。

计算的黏土含量为伊利石和分散海绿石的体积之和。

$$V_{cl}=V_{伊利石}+V_{分散海绿石} \tag{4-3}$$

根据岩心分析数据计算渗透率，对 UT 亚段海绿石砂岩的岩心分析孔隙度与渗透率数据进行回归，确定了 UT 亚段海绿石砂岩的渗透率解释模型（图 4-4），模型相关系数为 0.6791。

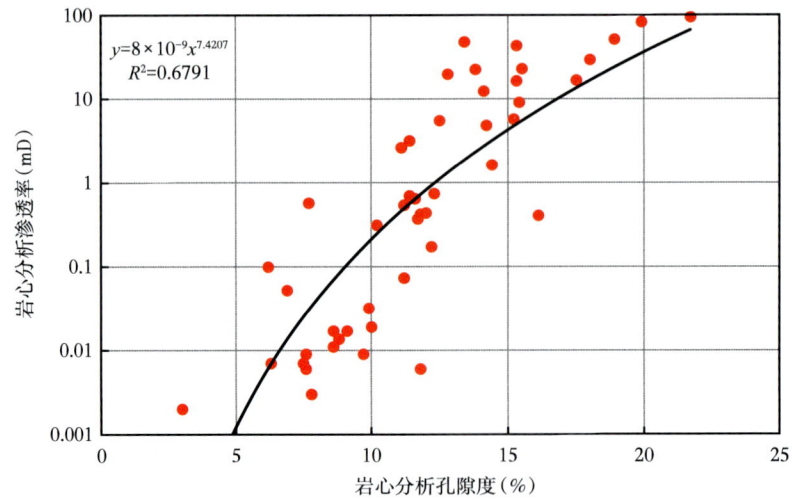

图 4-4 厄瓜多尔 14 和 17 区块 UT 亚段砂岩岩心孔隙度—渗透率交会图

$$K=8\times10^{-9}\phi^{7.4207} \tag{4-4}$$

式中 K——渗透率，mD；
ϕ——孔隙度，%。

3. 最优化测井解释储层孔隙度

最优化测井解释模型的原理是用正演的方法解决反演的问题，即采用在环境影响校正后的实际测井值为基础，根据适当的解释模型和测井响应方程，通过合理选择的区域性解释参数与储层参数初始值，反算出理论测井值，并与实际测井值比较，按照非线性加权最小二乘原理建立目标函数，用最优化技术不断调整未知储层参数值 X，使目标函数达到最小，一旦二者充分逼近，此时计算理论测井值所采用的未知量 X 就是能充分反映实际的储层参数值，即最优化测井解释结果。与传统的测井解释方法不同，最优化方法将测井信息、地质经验及环境误差等综合形成一个多维信息的复合体，运用数学方法进行多维处理，寻找最优解，从而得到最合理的结果[6]。

最优化多矿物分析方法是将一个岩性复杂、矿物种类繁多的复杂地层看作是由不均匀的骨架矿物、黏土矿物及孔隙流体等组成，将地层中的各种岩石成分（包括黏土）和孔隙流体看成具有不同的矿物体积。地层中所有矿物体积含量之和为 1。实际处理过程中，假设储层孔隙空间 100% 饱含水，而不考虑储层孔隙流体性质的影响。其未知参数向量为：

$$X=(\phi, V_1, V_2, \cdots, V_i) \tag{4-5}$$

式中 V_i——第 i 种矿物的体积；

i——矿物种类。

对于测井仪器的地层响应方程可由岩石体积物理模型表示。每部分对地层的宏观物理量贡献值不同，因而地层的每个测井值可作为多种矿物和流体的综合响应。例如，密度测井的响应方程表示为：

$$\rho_b = \rho_1 V_1 + \rho_2 V_2 + \cdots + \rho_i V_i + \rho_f V_f \tag{4-6}$$

式中 ρ_i——地层中第 i 种岩石矿物的密度，g/cm^3；

V_f——岩石孔隙流体体积分数；

ρ_f——孔隙流体密度，g/cm^3（取值 1.0）。

同理，常规测井资料中 GR、DT、NPHI 等曲线可用与式（4-6）相同的测井响应方程表示。假定有 $N-1$ 条测井曲线，要计算 m 种矿物体积分数（包括泥质含量和孔隙体积 V_ϕ），并且 $N \geq m$。于是，连同平衡方程可以列出 N 个方程，形成线性超定方程式（4-7）。当 $N = m$ 时，该方程组为恰定方程组。

$$\begin{bmatrix} L_1 \\ L_2 \\ \vdots \\ L_i \\ \vdots \\ L_{N-1} \end{bmatrix} = \begin{bmatrix} A_{11} & A_{12} & \cdots & A_{1j} & \cdots & A_{1f} \\ A_{21} & A_{22} & \cdots & A_{2j} & \cdots & A_{2f} \\ \vdots & & & \vdots & & \vdots \\ A_{i1} & A_{i2} & \cdots & A_{ij} & \cdots & A_{if} \\ \vdots & & & \vdots & & \vdots \\ A_{(N-1)1} & A_{(N-1)2} & \cdots & A_{(N-1)j} & \cdots & A_{(N-1)f} \end{bmatrix} \begin{bmatrix} V_1 \\ V_1 \\ \vdots \\ V_j \\ \vdots \\ V_f \end{bmatrix} \tag{4-7}$$

式中 L_i——第 i 种测井曲线的读值（$i = 1, 2, \cdots, N-1$）；

N——测井曲线条数；

A_{ij}——岩石矿物测井响应参数；

V_j——第 j 种矿物的体积（$j = 1, 2, \cdots, m$）；

m——岩石矿物种类数。

连同平衡方程 $1 = V_1 + V_2 + \cdots + V_i + \cdots + V_f$ 可组成有 N 个方程的线性超定方程组。

针对 UT 亚段海绿石石英砂岩地层，测井曲线条数 N 为 6，分别是 GR、DEN、NPHI、PEF、RT 和 RXO；矿物种类数 m 为 6，分别是石英、方解石、结构海绿石、伊利石、分散海绿石和孔隙度，每种矿物的测井响应参数值 A_{ij} 见表 4-1，代入式（4-7）求解。

表 4-1 厄瓜多尔 14 和 17 区块 UT 亚段海绿石石英砂岩主要矿物测井响应值

矿物	自然伽马 GR（API）	密度 RHOB（g/cm^3）	中子 NPHI	U 曲线 U（B/cm^3）
石英	20	2.65	-0.05	5.04
方解石	15	2.71	0	14.13
海绿石	160	2.85	0.38	19.1
伊利石	185	2.78	0.247	10.15

以 W05 井为例（图 4-5），左起第五道至第十道分别为自然伽马曲线道、补偿中子曲线道、密度曲线道、U 曲线道、冲洗带电导率曲线道和深电导率曲线道，每个曲线道中，黑色曲线为实际测得的测井数据，红色曲线为最优化模型反演曲线；第十一道为岩心分析孔隙度和计算孔隙度对比道，第十二道为岩心分析渗透率和计算渗透率对比道，其中蓝色曲线为计算的孔隙度和渗透率，红色线为岩心分析的孔隙度和渗透率。利用模型计算的 6 条理论测井曲线与实际测井曲线重合度好、吻合度较高（图 4-5），表明模型中各矿物的参数选择合理。将计算的孔渗数据与实测钻井取心数据对比，结果基本吻合，数据差值在合理范围内。与原解释模型相比，最优化多矿物测井解释双组构体积模型计算孔隙度相对误差降低 15.5%，可准确评价海绿石石英砂岩储层孔隙度参数。

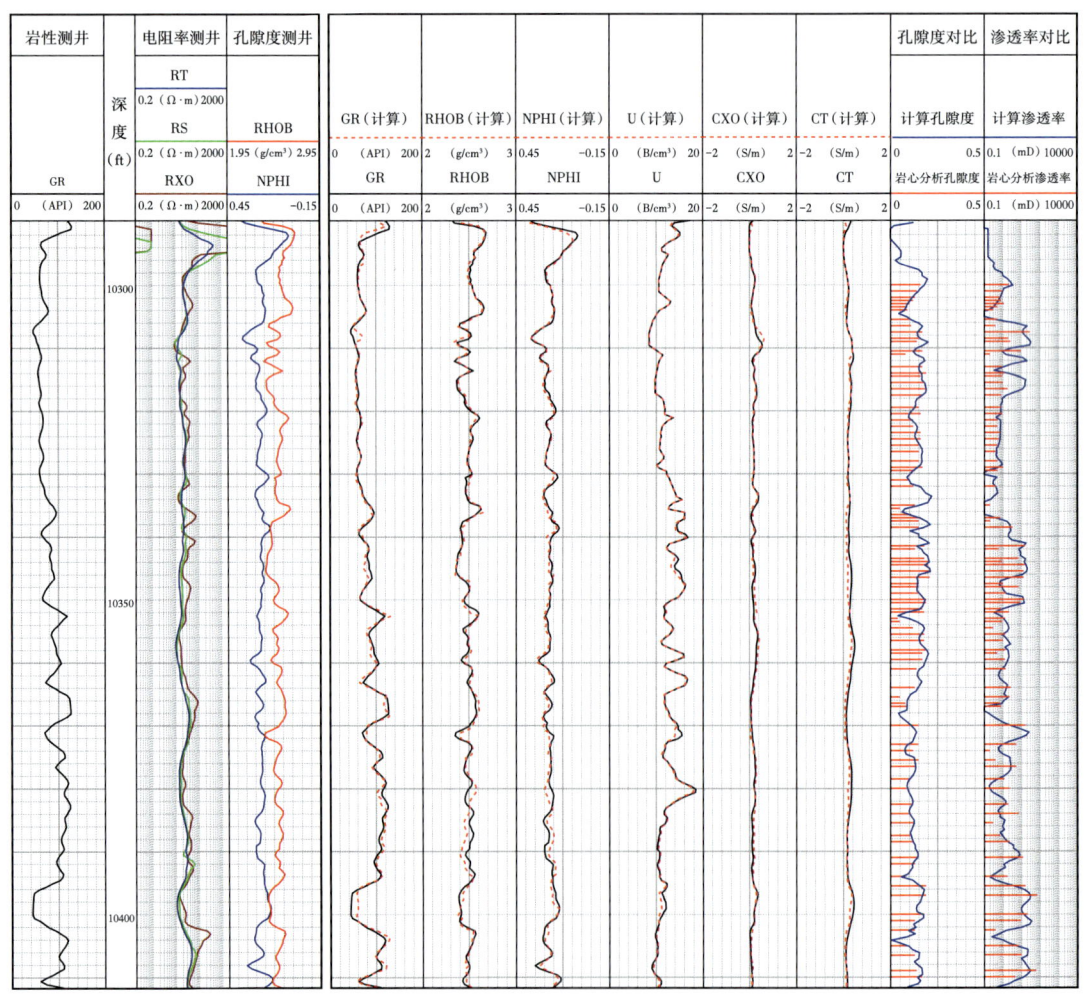

图 4-5　厄瓜多尔 14 和 17 区块 W05 井 UT 亚段海绿石石英砂岩测井最优化处理与解释成果图

4. 含水饱和度模型

针对结构海绿石因导电矿物造成油层电阻率低的情况，利用双水模型[7]计算海绿石砂岩含水饱和度，模型中"水"分为两类，一类是黏土附近的"束缚水"，其导电性主要靠阳离子在黏土表面移动产生,有淡水特征;另一类是远离黏土的"自由水",其导电性质与岩石中的体积水相同。两部分的水构成岩石的并联导电通道。双水模型电导率方程为:

$$C_{t}=\frac{1}{\alpha}\phi_{t}^{m}S_{wt}^{n}\left[\left(\frac{S_{wt}-S_{wb}}{S_{wt}}\right)C_{w}+C_{wb}\frac{S_{wb}}{S_{wt}}\right] \quad (4-8)$$

式中 C_t——地层电导率,S/m;

C_w——自由水电导率,S/m;

C_{wb}——束缚水电导率,S/m;

S_{wt}——总含水饱和度;

S_{wb}——束缚水饱和度;

α、m 和 n——分别是与岩性有关的系数、胶结指数和饱和度指数。

5. 应用情况

通过上述方法,重新建立石英砂岩中海绿石的双组构体积模型,准确评价了储层真实孔隙度,UT 储层测井孔隙度大幅度增加(表 4-2),比常规测井评价的孔隙度增加 1.8%~2.5%,有效识别了海绿石石英砂岩储层。据多口井统计分析,UT 储层海绿石石英砂岩含油饱和度平均增加了 10%,油水同层的电阻率下限由 10Ω·m 降低至 5.5Ω·m,采用常规测井解释含油水层升级为油水同层或含水油层,测试 6 口井,油层解释有效性得到充分验证,UT 储层平均单井初产油 50t/d,不含水。UT 亚段部署新井 X20,投产日产油 52t,不含水。从而证实了 UT 储层为低电阻率油层,是研究区原油生产的重要接替层系。明确了海绿石石英砂岩测井曲线具有"四高一低"的特点,即高自然伽马、高密度、高中子孔隙度、高光电截面指数和低电阻率(图 4-6),结合双组构测井解释模型可有效识别隐藏的复杂岩性低电阻率油藏。

表 4–2 厄瓜多尔 14 和 17 区块 W05 井富含海绿石石英砂岩岩心分析和测井评价孔隙度对比表

岩心孔隙度（%）	常规测井评价		双组构体积模型测井评价	
	孔隙度（%）	绝对误差（%）	孔隙度（%）	绝对误差（%）
15.5	13.9	-1.6	15.7	0.2
18.6	15.3	-3.3	17.8	-0.8
15.2	12.1	-3.1	14.4	-0.8
15	12.1	-2.9	14.3	-0.7
14.3	10	-4.3	13.6	-0.7
14.3	12	-2.3	14.4	0.1

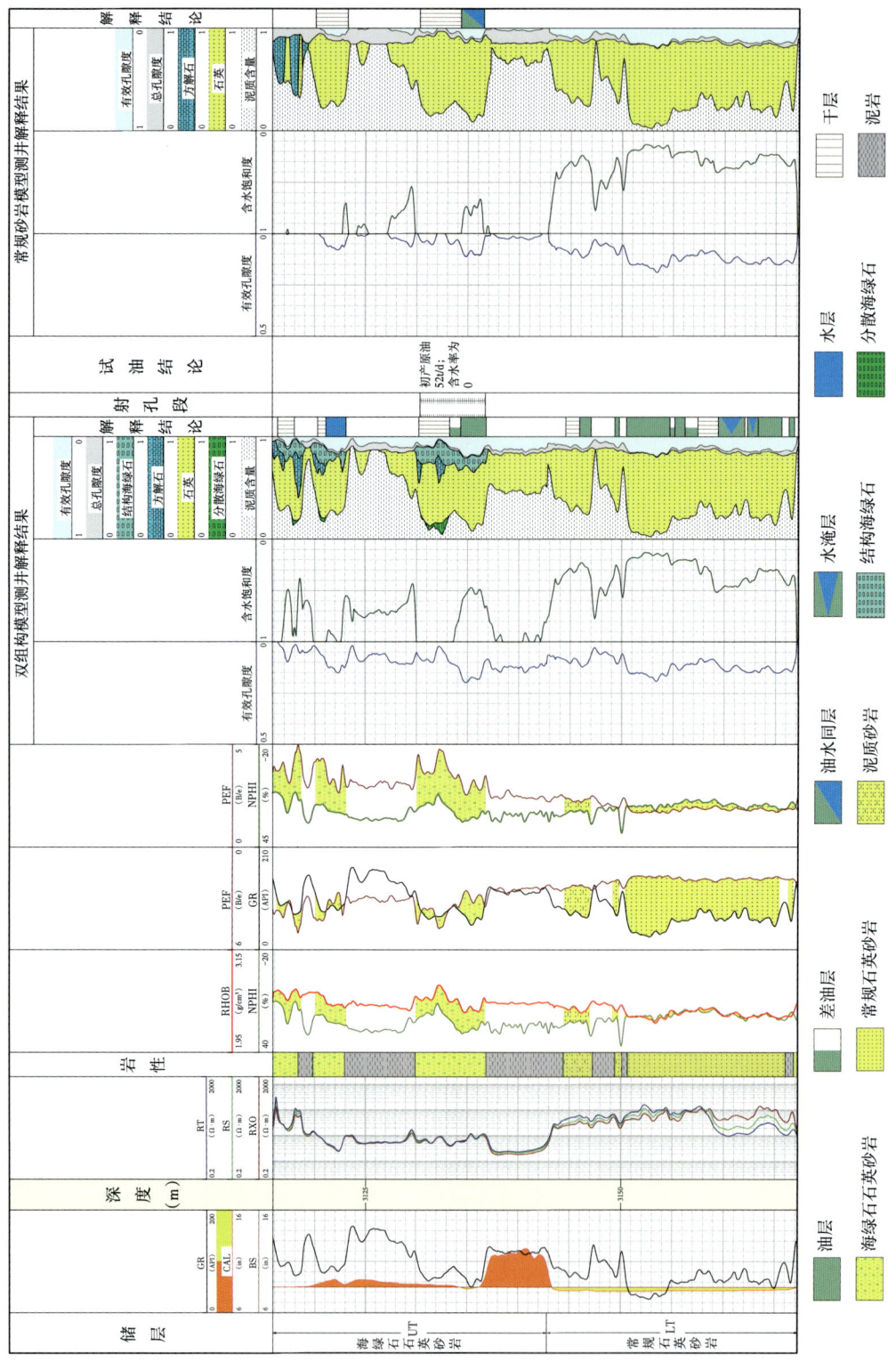

图4-6 厄瓜多尔14和17区块海绿石石英砂岩测井曲线响应特征

第二节 低幅度构造识别技术

随着奥连特盆地勘探程度的不断提高，勘探早中期大中型构造油气藏已基本发现，研究区厄瓜多尔14和17区块位于盆地中部前渊带，如何围绕近油田开展滚动勘探开发及寻找低幅度构造油藏面临极大技术挑战。限于海外项目特点和历史资料原因，研究区包含多块不同时期采集处理的叠后地震数据，由于热带雨林复杂地表造成地震采集过程中基准面不统一，时间切片显示存在明显的能量、频率等差异，地震解释闭合高差大，无法保障薄层反射层位精细解释和追踪的精度。采用常规分块拼图方法，或传统的低幅度构造圈闭的校正技术会导致低幅构造解释存在明显的虚假断层和构造畸变现象，从而制约构造成图精度，难以有效识别低幅构造圈闭。

一、趋势面驱动的叠后地震连片处理

因采集、处理等参数差异，不同时期的地震数据之间会存在不一致性问题。相比于叠前地震数据处理，叠后地震数据校正方法很少考虑基准面充填速度或基准面不同平滑参数引起的长、短波长空间变化，在非重叠区仅考虑常量时移校正或局部时差校正，在重叠区通常采用多道加权平均消除残差[8-9]。因此，目前通用的叠后地震闭合差校正方法，很难有效保持非重叠区的构造相对形态，容易导致非重叠区信号产生畸变。为提高数据闭合精度、保持构造形态可靠性，针对当前常用的闭合差校正方法及算法中存在的不足，提出了基于构造趋势面约束的闭合差求取方法，弥补了叠后连片处理中硬闭合校正的缺陷，可有效保持不同地震数据能量、频率及波形特征。

1. 高低频趋势面闭合差求取方法

趋势面是指不受局部因素影响，经过抽象并过滤掉局部随机因素、受整体规律所支配的数学曲面。趋势面分析是把空间曲面分解成整体与局部两部分，变化慢且影响全局的称为整体趋势，可以用确定性函数表示；变化比较快且影响局部的称为局部趋势，可用随机函数或确定性函数表示。该分析方法通常应用于地质及地球物理分析中，主要目的是"保凸"，即在复杂区域实现对局部或微小异常的有效识别，对低幅构造识别与刻画具有重要的应用价值[10-11]。

趋势面驱动一致性处理的目的是消除不同处理参数与基准面的影响，主要思路是以主体地震数据为基准数据，对各叠后地震数据处理参数进行匹配及常量时移校正；为消除基准面充填速度或基准面不同平滑参数引起的长、短波长空间变化，校正过程中选择能够反映同一地质年代、具有高信噪比的反射界面作为构造趋势面软约束，利用交会区闭合差作为种子数据，分别计算高、低频校正分量，并应用至各工区地震数据，完成叠后地震数据连片一致性处理。

根据趋势面数学分析中整体与局部变化快、慢的特点，可将标准地震反射层位（黑虚线）分解成高频分量（红色虚线）、低频分量（绿色虚线）两部分作为趋势约束数据，分别求取重叠区外的空间闭合差（图4-7）。

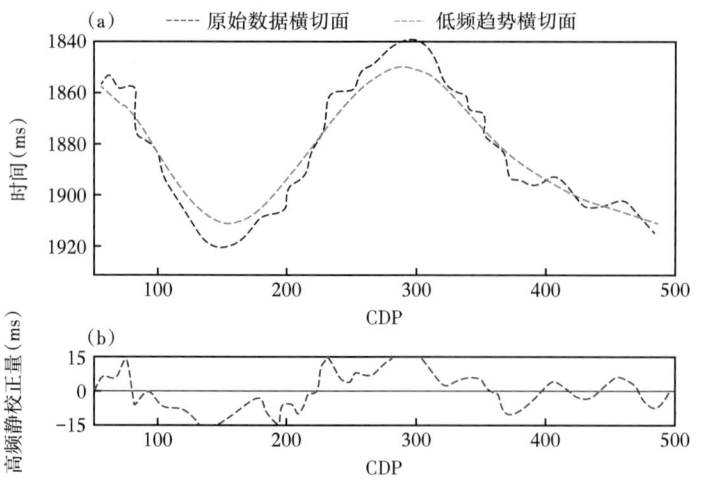

图 4-7 厄瓜多尔 14 和 17 区块解释层位 T_0 线（a）与高频趋势线（b）对比图

黑色虚线为层位构造切面，绿色虚线为低频趋势切面，红色虚线为高频趋势切面

设地震数据重叠区同一地震反射层位闭合差为 $z_i(x_i, y_i)$，低频趋势拟合值为 $\bar{z}_i(x_{Li}, y_{Li})$，则有：

$$z_i(x_i, y_i) = \bar{z}_i(x_{Li}, y_{Li}) + \varepsilon_{Li} \tag{4-9}$$

$$\mathrm{Min}Q = \sum_{i=1}^{n} \varepsilon_{Li}^2 = \sum_{i=1}^{n} [z_i(x_i, y_i) - \bar{z}_i(x_{Li}, y_{Li})]^2 \tag{4-10}$$

式中 i——数据点序号（1，2，…，n）；

Li——数据点编号（1，2，…，n）；

z_i——实际时间，ms；

x_i——横坐标；

y_i——纵坐标；

$\bar{z}_i$——拟合时间，ms；

ε_{Li}——低频趋势残差，ms。

当最小二乘法平方根残差最小时，可求得 $\bar{z}_i(x_{Li}, y_{Li})$ 与构造整体趋势高度相关的低频静校正量。

假设观测值为 $z_i(x_i, y_i)$，确定 x_{Li}，y_{Li} 多项式系数 a_0，a_1，…，a_k，使残差平方和最小。令 $x_1 = x$，$x_2 = y$，$x_3 = x^2$，$x_4 = xy$，$x_5 = y^2$，…，则有：

$$\bar{z} = a_0 + a_1 x_1 + a_2 x_2 + \cdots + a_k x_k \tag{4-11}$$

使最小二乘法确保均方根残差最小，则有：

$$\mathrm{Min}Q = \sum_{i}^{n} [z_i - \bar{z}_i]^2 = \sum_{i}^{n} [z_i - (a_0 + a_1 x_{1i} + a_2 x_{2i} + \cdots + a_k x_{ki})] \tag{4-12}$$

对 MinQ 求偏导，即令其等于 0，得到含有 a_0，a_1，$\cdots$，a_k 的 $k+1$ 个未知量方程组，并对系数进行求解。

利用重叠区的低频趋势初始种子点（图 4-8a），对非重叠区开展构造趋势约束（图 4-8b），计算闭合差静校正量（图 4-8c）。

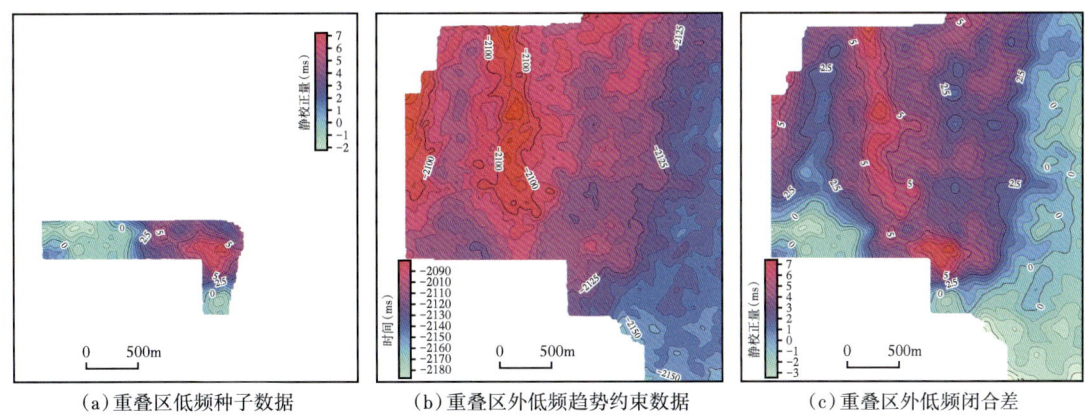

(a) 重叠区低频种子数据　　(b) 重叠区外低频趋势约束数据　　(c) 重叠区外低频闭合差

图 4-8　厄瓜多尔 14 和 17 区块低频趋势面闭合差求取图

与传统"保凸随机函数"算法相比，利用高、低频趋势构建的确定性函数求取的高、低频静校正量（图 4-9）具有更高的稳定性与可靠性。

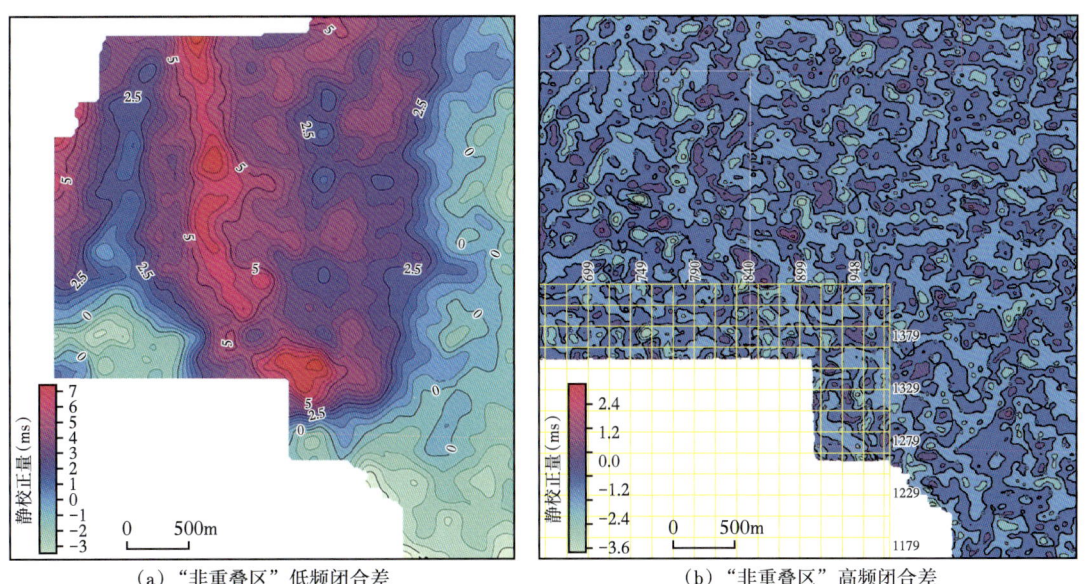

(a) "非重叠区"低频闭合差　　　　　　(b) "非重叠区"高频闭合差

图 4-9　厄瓜多尔 14 和 17 区块多块地震数据"非重叠区"高、低频计算结果图

2. 叠后地震一致性连片处理

将高、低频闭合差通过静校正量的形式加载至地震数据道头，并重复采用一致性处理方法最大程度消除数据间的能量、频率与相位等差异，对比数据处理前后剖面、切片

能量发现，处理后目标层位反射连续性好，基本消除了闭合差与能量等非一致性的影响（图4-10）。

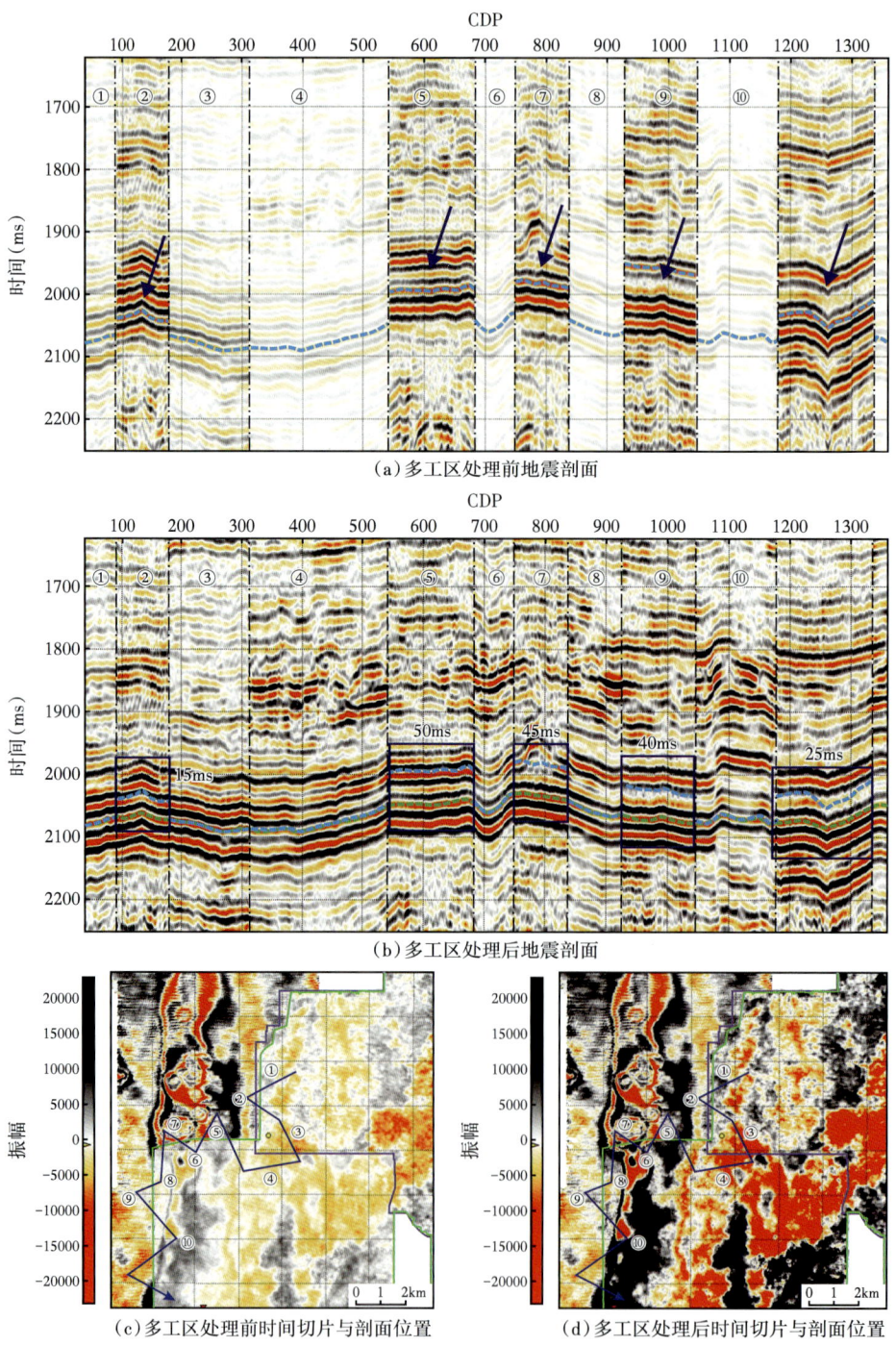

图4-10　厄瓜多尔14和17区块处理前、后平面及剖面闭合差与能量对比图
①至⑩代表不同位置折线段

传统方法与该方法获得的等 T_0 构造面如图 4-11 所示，对比明显可见，粉色比黄色等 T_0 线所圈定的低幅度构造局部细节更丰富，形态连续，无虚假单层现象；另外，已钻油井所控制的黑色等 T_0 线为潜在的含油气低幅度构造，对比两图明显可见，新方法所确定的低幅度构造圈闭潜力明显扩大，并且被新钻井结果所证实。

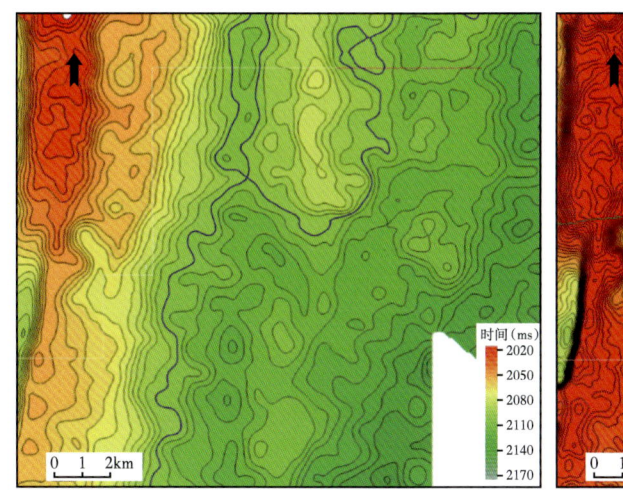 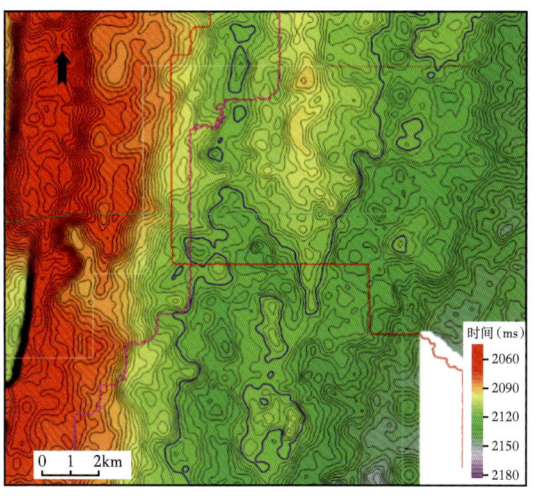

（a）采用常规方法闭合差校正T_0图　　　　　　（b）构造趋势面约束闭合差校正T_0图

图 4-11　厄瓜多尔 14 和 17 区块不同闭合差校正方法 T_0 构造对比图

应用构造趋势面约束的闭合差校正方法，考虑了基准面、浮动基准面以及充填速度的影响，弥补了叠后多数据"硬闭合校正"的缺陷，一定程度上消除了多工区地震数据处理中的时间、振幅、能量及频率等参数差异。相比传统方法，可有效保持低幅度构造相对形态，提高复杂构造或低幅度构造多目的层连片地震解释、成图精度和效率。此外，该闭合差校正方法在一定程度上有助于在处理中消除多块地震数据间的时间闭合差、振幅、能量及频率等参数差异，但不能完全解决这些差异，叠后参数一致性处理的"耦合方法"仍是未来的攻关研究方向。

二、低幅度构造精细解释与变速成图

低幅度构造具有圈闭面积小、构造幅度低的特点，构造精细解释是发现低幅度构造的重要手段之一。为提高低幅度构造识别的精度，一般采用分频、构造趋势剩余量、沿层切片和小波变换等方法识别构造圈闭溢出点，但上述方法通常适用于地震数据信噪比高且埋深较浅的厚层砂岩。针对中—深层的薄层低幅度构造，上述方法识别闭合度和圈闭范围仍有不确定性。近年来，随着地震采集成本的降低与处理技术的进步，宽方位、高密度的采集与处理可从本质上改善地震资料品质，提高地震资料的绝对分辨能力，从而提高低幅度构造的预测精度。

自 20 世纪 80 年代起，国内加大了对低幅度构造的研究力度，相关学者针对低幅度构造的识别开展了系列的技术研究。在提升地震资料品质方面，加强了对高密度采集与高精度成像处理、解释的研究工作。在实现方法上，包括利用井震联合构建速度场、叠前偏移、相干体、特征点、水平切片、均值滤波、S 变换等技术识别或追踪低幅度构造。针对低幅度构造的偏移成像问题，管文胜等[12]利用基于模型的层析速度反演技术提高了低幅度构造成像精度；高树生等[13-14]综合应用表层吸收补偿、井控真振幅恢复、井控 Q 补偿、井控速度建模和 OVT 处理等技术识别薄储层、低幅度构造和小断层等小尺度地质体；王鹏等[15]利用井震综合速度建模提升了冀东马头营低幅度构造成像精度；张在金等[16]采用小网格层析技术提高了垂向速度分析的精度，对断层两侧速度进行准确刻画，落实低幅度构造。在低幅度构造精细解释方面，韩强等[17]应用层位精细标定、自动追踪、相干体属性等技术，落实了塔里木轮台地区低幅度构造圈闭；白晓寅等[18]针对低幅度构造—岩性油气藏，利用井震旋回联合标定与等时追踪、倾角约束变速成图等技术取得较好成果；李香雪[19]采用连井对比分析、常规和三维立体解释技术确保低幅度构造层位解释的可靠性。针对低幅度构造变速成图，王晓平等[20]针对低幅度构造区和深层、超深层构造区成图的难点，提出了分层剖析变速成图方法，更逼近真实的地下地质构造形态；李达等[21]提出了分区构造落实法，有效落实了低幅度局部构造。

厄瓜多尔 14 和 17 区块已发现的低幅度构造油藏高度经常大于"常规"地震资料解释的闭合幅度，圈闭溢出点难以识别，圈闭边界难以界定。此外，基于常规叠后地震资料提高低幅度构造解释精度，还面临主频低和频带窄的挑战。

1. 低幅度构造精细解释

厄瓜多尔 14 和 17 区块目标层地震主频约 42Hz，发育 5ms 左右的低度幅构造，常规地震资料解释难以有效识别，影响低幅度圈闭识别与油藏开发。

勘探开发实践证明"两宽一高"采集处理资料是识别低幅度构造的有效方法。但针对常规地震资料，通常采用道积分、分频、构造趋势剩余量、沿层切片等方法识别圈闭溢出点，闭合度与范围具有不确定性，其一般适用厚层砂岩、高信噪比地震数据解释。常规地震资料提高分辨率方法，包括反褶积、时变谱白化、反 Q 滤波和谱反演处理等。王光付等[22]利用去噪技术减弱或压制噪声、提高信噪比后，基于广义 S 变换求取非稳态离散子波库，建立"稳态变时频"的连续子波函数，消除离散子波基对反射系数求解的影响，利用该函数与 L1 范数求解反射系数，反变换后得到高分辨率地震数据体，有利于进一步提高低幅度构造解释精度（图 4-12）。

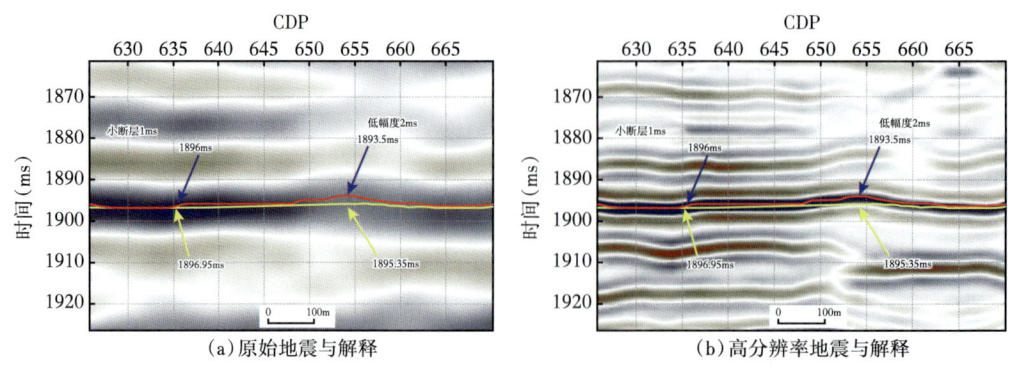

图 4-12 厄瓜多尔 14 和 17 区块高分辨率处理结果对比图

对比处理前后构造解释，常规地震受分辨率制约，导致解释层位不能严格按照相位追踪解释（图4-13a）；新地震数据红色等时解释层位可更好地表征低幅度构造形态（图4-13b）；两次解释剖面之间存在5ms左右微幅差异，平面误差整体高达-12~10ms（图4-13c），可有效提高低频地震数据的低幅度构造解释精度。

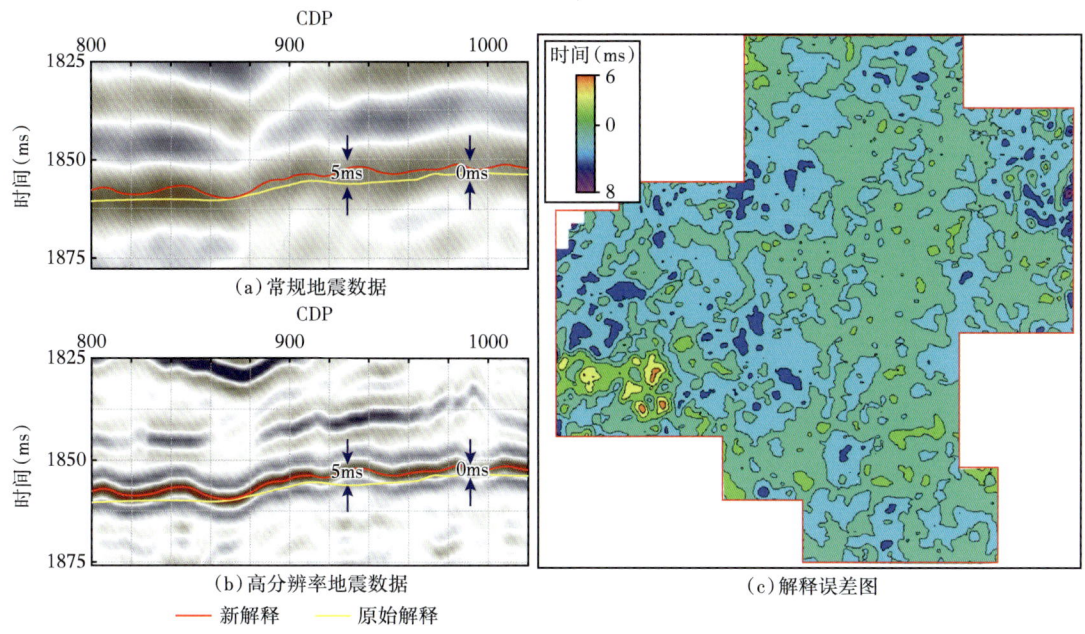

图4-13 厄瓜多尔14区M1段解释对比图

2. 速度各向异性变速成图

地层真实速度受多种不同的地质及物理因素影响，速度准确与否影响着地震处理、解释及油藏描述各个环节。厄瓜多尔14和17区块位于奥连特盆地中部前渊带，介于反转带和西部斜坡带之间，构造变形较弱，其上发育一系列大型构造圈闭、小型低幅度构造圈闭，可为油气聚集创造良好的运移与储集条件。

该区低幅度构造幅度一般不超过5ms，由于其幅度小于地质构造解释精度，低幅度构造影响局部剩余油分布。常规成图与分析方法难以有效突出表征与薄层相关的低幅度构造。以丛式井网模式滚动勘探开发，斜井分布不均、横向速度变化快，导致变速成图精度变差，圈闭溢出点与边界难以确定，影响低幅度圈闭的识别与描述。

针对以上问题，通过"时频衰减"合成记录标定技术提高低幅度构造的层位标定与解释精度[22]；利用各向异性速度校正方法解决储层靶点横向分布不均、速度变化快的问题，形成各向异性速度变速成图变速技术。

1）速度各向异性变速方法

针对构造成像，不同专家学者根据速度传播方式与地质条件研究了众多成图方法与技术，如适用于陡倾构造的射线追踪法、平缓地层的平均速度法、复杂构造成像的逐层速度建模法等。目前，较为常用的平均速度建场，一般利用VSP速度校正地震速度，井控区垂向速度具有较高的可靠性，但容易忽略地层横向各向异性影响；逐层速度建场，考虑了地层速度的各向异性、逐层速度建模的精度，但其各层的累计误差依然会影响低幅度构造成图精度。

为克服井网分布不匀、测井资料不全、井震各向异性速度—时间难以匹配的问题，提出了各向异性速度建场方法，解决因速度各向传播异性引起的旅行时间与速度差异。

设根据测井声波时差得到伪 VSP 速度—时间的离散函数为：

$$TV_{\text{well}} = f_{\text{well}}^{k}(t_i, v_i, d_i) \quad (4-13)$$

式中　　k——采样井序号（k=1，2，3，…，N）；

i——采样点序号（i=1，2，3，…，N）；

t_i——采样点 i 沿测井轨迹对应的时间，ms；

v_i——采样点 i 地震速度，ft/s；

d_i——采样点 i 深度，m。

设地震平均速度的速度—时间离散函数为：

$$TV_{\text{Seis}} = f_{\text{seis}}^{k}(t_i, v_i) \quad (4-14)$$

利用式（4-13）和式（4-14），可在相同时间位置求取伪 VSP 与地震速度对应的速度差 Δv：

$$\Delta v_i = \frac{1}{m}\left[\sum_{i=0}^{m} f_{\text{seis}}^{k}(t_i, v_i) - \sum_{i=0}^{m} f_{\text{well}}^{k}(t_i, v_i)\right] \quad (4-15)$$

则消除地震各向异性速度的表达式为：

$$TV'_{\text{Sesi}} = f_{\text{seis}}^{k}(t_i, v_i) - \Delta v_i \quad (4-16)$$

基于速度传播的机理差异，以地震成像时间为桥梁，采用"时频衰减标定技术"降低声波测井速度，获取等效于 VSP 的速度—时间校正标尺；以该标尺校正声波测井速度及测井积分时间，使其匹配 VSP（垂直地震剖面）旅行速度与时间，获取 VSP 等效速度—时间标尺，消除因地层垂向各向异性引起的地震速度与 VSP 速度的差异（Δv）（图 4-14a），得到相互匹配的垂向平均速度体（图 4-14b）。同时，为消除或减弱因地层横向相变引起的沿层速度变化（图 4-14c），利用测井分层速度与地震平均速度的横向校正关系，消除横向速度各向异性对低幅度构造成图的影响（图 4-14d）。

2）变速成图效果对比

对比图 4-15 中等 T_0 图与常规变速成图，因受 S01 与 W01 等井的牛眼速度影响，导致南部非井控区的低幅度构造产生明显畸变（图 4-15b），破坏了等 T_0 图中的低幅度构造相对关系（图 4-15a）。而利用各向异性变速成图技术，可消除非均匀井网产生的速度牛眼（图 4-15c 中 S01 井附近），能有效保持等 T_0 与构造图之间的相对构造形态（图 4-15a，c），从而提高时—深域内低幅度构造的预测精度。

该技术可充分利用地震速度谱点均匀分布的优势，以地震成像时间与测井速度为桥梁，解决井震各向异性速度—时间难以匹配的技术问题，消除井网分布不匀、测井资料不全导致速度场出现"牛眼效应"和虚假微构造现象。

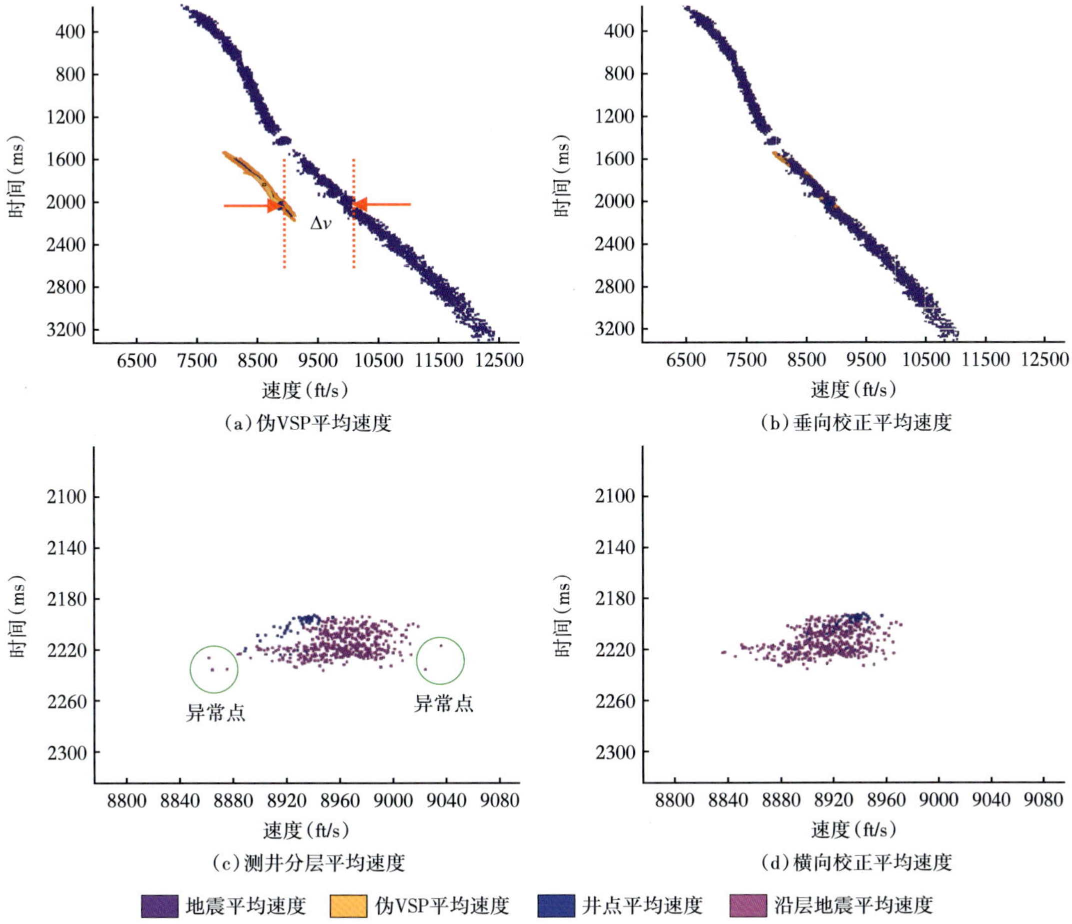

图 4-14 厄瓜多尔 14 和 17 区块 M1 段地震平均速度各向异性校正图

Δv 为地震速度与 VSP 速度的差异

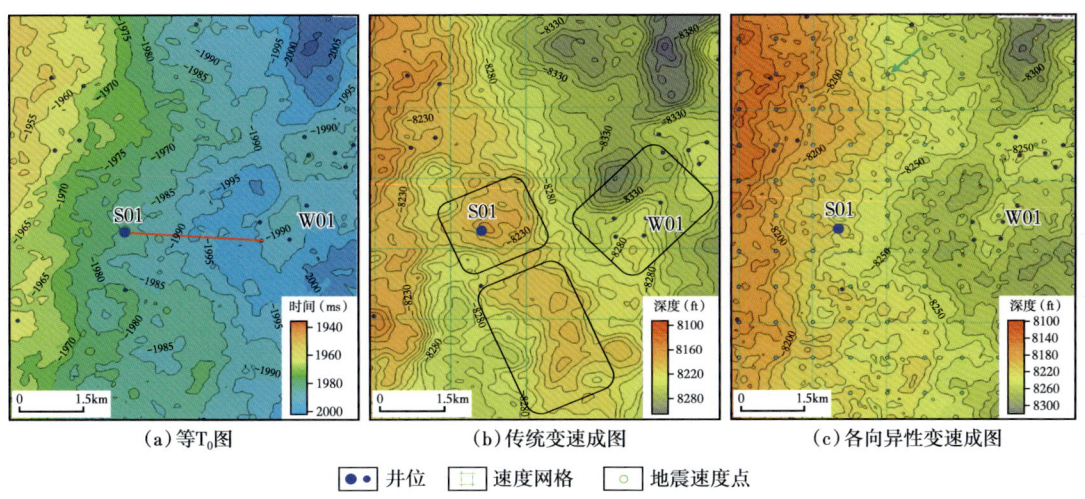

图 4-15 厄瓜多尔 14 和 17 区块 M1 段等 T_0 图与变速成图

三、低幅度构造识别

低幅度构造往往指构造相对平缓、圈闭幅度和面积小、隐蔽性强,构造幅度一般小于 15m 或 10ms 的一类地质体[23];其形成机理主要包括构造成因与沉积成因,其中构造成因低幅度构造一般受弱挤压活动影响,而沉积成因低幅度构造受沉积体的差异压实影响,一般分布于古地貌高点。随着常规油气向更深、更隐蔽油藏转变,薄层、低幅度构造、岩性油藏等勘探已成为当前资源接替的有利目标。在富油洼陷,低幅度构造圈闭对局部油气的运移和富集成藏仍起着关键的作用,易形成"小而肥"油藏;同时,对其识别精度也提出了更高的技术要求。

厄瓜多尔 14 和 17 区块地处南美奥连特盆地前渊带构造转换区,目标层受安第斯造山运动弱挤压作用影响,大部分低幅度构造幅度小于 5 ms,常规成图分析与表征方法难以精细识别低幅度构造特征。在借鉴前人低幅度构造精细解释基础上,根据构造斜坡具有低频平滑、局部高频起伏类似于地震信号的特点,提出基于小波变换的低幅度构造分析与识别技术,利用相应小波系数对构造低频、高频成分进行多尺度重组,提高构造高频成分对低幅度构造的识别权重,降低构造低频成分对低幅度构造识别的遮蔽作用。

1. 小波变换低幅度构造识别原理与方法

20 世纪 80 年代,法国地球物理学家 Morlet 将小波多尺度分析理论应用到地震信号处理中,其在短时傅里叶变换中根据信号局部特征加入随频率变化的时间—频率窗口,对时间、频率进行局部化分析,通过多尺度细分突出信号细节的处理手段。通常,为压制或消除高频噪声,突出不同频带信号细节,利用小波变换将信号与噪声拆分成不同频段,再利用求取的不同尺度小波系数进行非线性消噪,识别高频有效信号。

小波构造分解方法是将解释的等深数据在横向上转换成等间距采样二维数据,以垂向的构造起伏作为振幅数据,基于短时傅里叶变换,在不同方向加入 x 与 y 两个尺度随频率变化的尺度—频率小波函数,多尺度地分解构造起伏,利用阈值控制优选小波系数获取低频构造背景与中、高频低幅度构造起伏的过程。

1)小波构造分解函数的建立

二维小波变换计算步骤与二维傅里叶变换相同,令二维构造解释的时间或深度数据为 $f(x,y) \in L^2(R^2)$,其中 x 与 y 分别属于 $f(x,y)$ 横、纵坐标,不同方向采用相同的小波母函数[22],则二维小波变换公式为:

$$W(a;b_x,b_y) = \frac{1}{a} \int_{-\infty}^{+\infty} \int_{-\infty}^{+\infty} \psi\left(\frac{x-b_x}{a}\right) \psi\left(\frac{y-b_y}{a}\right) f(x,y) \mathrm{d}x \mathrm{d}y \quad (4-17)$$

二维小波的逆变换可表示为:

$$f(x,y) = \frac{1}{C_\psi} \int_0^{+\infty} \frac{1}{a^3} \mathrm{d}a \iint W(a;b_x,b_y) \psi\left(\frac{x-b_x}{a}\right) \psi\left(\frac{y-b_y}{a}\right) \mathrm{d}x \mathrm{d}y \quad (4-18)$$

其中

$$C_\psi = \frac{1}{4\pi^2} \iint \frac{|\psi(w_x,w_y)|^2}{|w_x^2 + w_y^2|} \mathrm{d}w_x \mathrm{d}w_y$$

假设原始构造数据 $f(x,y)$ 由低频构造起伏趋势面 $f_L(x,y)$、中频构造起伏趋势面 $f_M(x,y)$ 与高频构造起伏趋势面 $f_H(x,y)$ 三部分组成,则有:

$$f(x,y) = f_\mathrm{L}(x,y) + f_\mathrm{M}(x,y) + f_\mathrm{H}(x,y) \tag{4-19}$$

基于小波系数之间固有相关性可知，低频构造起伏趋势面主要分布在较大的小波系数中，中、高频构造起伏趋势面主要分布在较小的小波系数中。

2）尺度—频率阈值函数

针对构造轴向的宽窄与幅度高低所具有的尺度—频率特征，对其进行小波变换，可获得高、中、低频率相应尺度上的小波系数。因不同频率对应不同的小波尺度，合适的阈值对分离不同尺度的低频、高频信号至关重要。通常，低幅度构造的频率高于背景数据的频率，因此可引入阈值门限函数对低频、中频、高频的小波系数进行滤波限制，相应依次提取低频阈值门限的小波系数，以及中、高频的小波系数。

合理阈值的设定至关重要。通常阈值取值过小，容易漏失具有中高频特征的宽缓低幅度构造；阈值过大，不易突出具有高频特征的低幅度构造细节。因此，为更好地反映数据的频域特征，在不同方向小波尺度换算成频率的表达式为：

$$f_x = \frac{f_\mathrm{s} \cdot f_\mathrm{c}}{\alpha} \tag{4-20}$$

$$f_y = \frac{f_\mathrm{s} \cdot f_\mathrm{c}}{\alpha} \tag{4-21}$$

式中　α——尺度因子 $\alpha \in (0, +\infty)$；

　　　f_c——小波函数的中心频率；

　　　f_s——等 T_0 或等深图的横向采样间隔频率。

同时，由于不同尺度的构造起伏对应的高、中、低频信号具有不同的幅值，对于不同取值的尺度因子，与频率、小波系数相关的幅值函数为：

$$L = \sum_i^N \left(f_{xi}^2 w_{xi}^2 + f_{yi}^2 w_{yi}^2 \right) \tag{4-22}$$

式中　f_{xi}、f_{yi}——尺度因子 α 在不同位置对应的实际频率（$i=1, 2, \cdots, N$）；

　　　w_{xi}、w_{yi}——沿在同坐标轴方向的不同位置的小波系数。

分离低频、中频与高频构造趋势的阈值函数表达式为：

$$\delta_\mathrm{best} = \begin{cases} \delta & \eta \leqslant \gamma \\ \min(\delta, \delta_1) & \eta > \gamma \end{cases} \tag{4-23}$$

其中

$$\eta = \frac{L-N}{N}$$

$$\gamma = \frac{(\log_2^N)^{3/2}}{\sqrt{N}}$$

式中　δ_1——阈值函数初始取值；

　　　δ_best——阈值函数最优取值；

　　　γ——与尺度位置相关的阈值触发门槛；

　　　η——与尺度位置序号 N 和幅度 L 相关的阈值触发门槛。

以 α 取值为参考，通过比较两个限制条件，确定低幅度构造的提取门槛值，计算并保留相应的小波系数。

3）小波系数优选重构

为防止漏失幅度低、轴向宽的微幅起伏，利用优选的中低频、中高频信号及其对应的小波系数，通过最优化函数对以上信号重构，最后得到既能反映斜坡趋势又能突出低幅度构造特征的数据。

设优选后的小波系数对应的低、中、高频函数分别为 $\sum_{i=0}^{L} f_L(x,y)$，$\sum_{i=0}^{M} f_M(x,y)$，$\sum_{i=0}^{H} f_H(x,y)$，则不同尺度 α 对应的最优化的中低频、中高频函数为：

$$f_{LM}(x,y) = \text{Optium}\left[\sum_{i=0}^{L} f_M(x,y), \sum_{i=0}^{M} f_H(x,y)\right] \quad (4-24)$$

$$f_{MH}(x,y) = \text{Optium}\left[\sum_{i=0}^{M} f_M(x,y), \sum_{i=0}^{H} f_H(x,y)\right] \quad (4-25)$$

最后，利用初次识别的低幅度构造长轴与短轴确定优选重构中低频、中高频函数。

2. 低幅度构造仿真数据试验分析

为验证低幅度构造识别的可靠性，试验采用一条横轴为 20m 等间距采样、垂向为深度的仿真构造线，进行小波阈值低幅度构造识别分析。对其进行小波变换，利用阈值控制计算小波系数，对比不同尺度的小波系数对低频、中频及高频构造起伏的识别效果后，进一步分析确定不同构造起伏的最优识别尺度，优选出低幅度构造重构的最佳小波系数。

根据仿真数据的地形起伏范围，利用相应的搜索半径对其仿真处理得到相应的低频趋势线。对比发现，搜索半径为 1000m 与 800m 的处理结果均能较好地反映低频趋势，其中搜索半径为 800m 的效果更好；而搜索半径为 600m 与 400m 对应的趋势数据因包含了部分中频信息，导致具有中频特征的宽缓低幅度构造信息复合在低频趋势中，不能更好地表征整体斜坡趋势。综合分析确定 800m 左右的小波尺度参数适合低频信息提取，获取的相应小波系数可很好地反映斜坡趋势（图 4-16）。

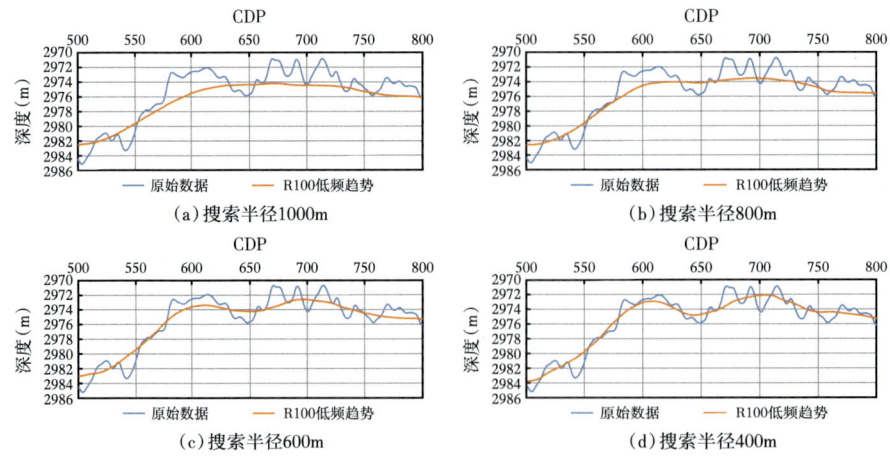

图 4-16　不同搜索半径低频构造起伏趋势

重复以上思路与流程，持续分离确定中频及高频的小波系数，对中、高频数据分别采用400m、200m的搜索半径进行处理，前者反映中频趋势较好，能突出轴向宽度为400m左右的低幅度构造（图4-17a）；后者因包含了较多中频信息，不利于表征轴向宽缓的低幅度构造（图4-17b）。确定400 m左右的小波尺度参数适合中频信息的提取，能更好地保留中频、有效突出轴向宽缓的低幅度构造信息。

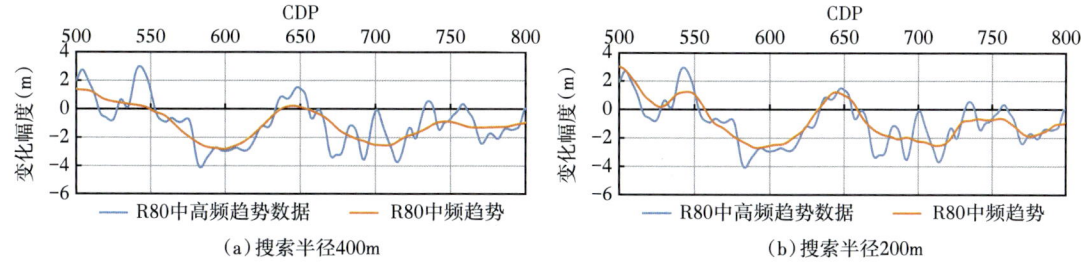

图4-17　不同搜索半径中频构造起伏趋势

根据优选的低频、中频及高频小波系数，利用最优化函数对中低频、中高频信号重构。对比仿真数据与中低频趋势重构结果，仿真数据具有明显的峰谷起伏信息，而重构趋势线主要体现了斜坡趋势及中频波谷信息（图4-18a）；中高频重构结果显示，能定量识别轴向宽、较宽较短且幅度不超过3m的不同类型的低幅度构造（图4-18b）。

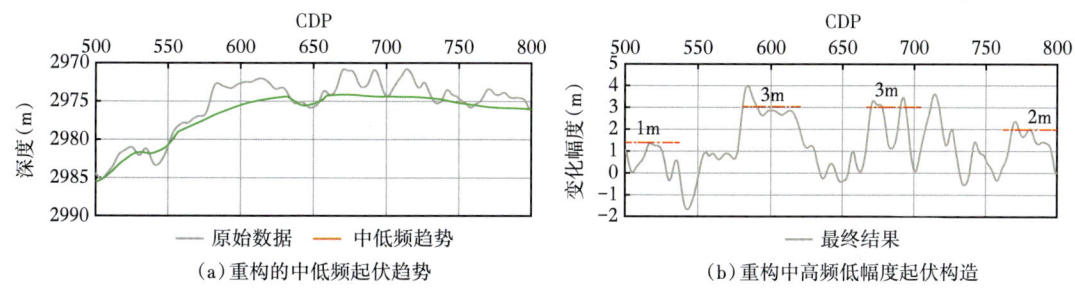

图4-18　信号重构后的中低频、中高频构造起伏趋势

通过对仿真数据测试分析，利用小波变换、阈值优选的小波系数对构造信号重构，可以对不同尺度的低幅度构造起伏进行特征信息的提取，实现低频斜坡背景与低幅度构造的信息分离，利用阈值函数可有效防止漏失幅度低、轴向宽缓的低幅度构造，是定量描述与分析低幅度构造的有效技术手段。

3. 应用实例

厄瓜多尔14和17区块M1段发育一系列构造幅度低、圈闭面积小的低幅度构造，闭合高度一般不超过12m（8ms），局部地区幅度小于6m（4ms），低幅度构造特征不明显（图4-19a）。利用小波分解低幅度构造识别技术，采用相应搜索步长与最优阈值函数优选出中、大尺度构造起伏信息，以此重构低频斜坡背景（图4-19b）。再次重复利用中、小尺度小波分析与最优函数对中、高频信息进行分离、重构，得到局部低幅度构造（图4-19a）；基于2次小波分析与重构的结果，合并大尺度斜坡背景与局部低幅度构造，得到多尺度小波重构的构造数据（图 4-19b）。

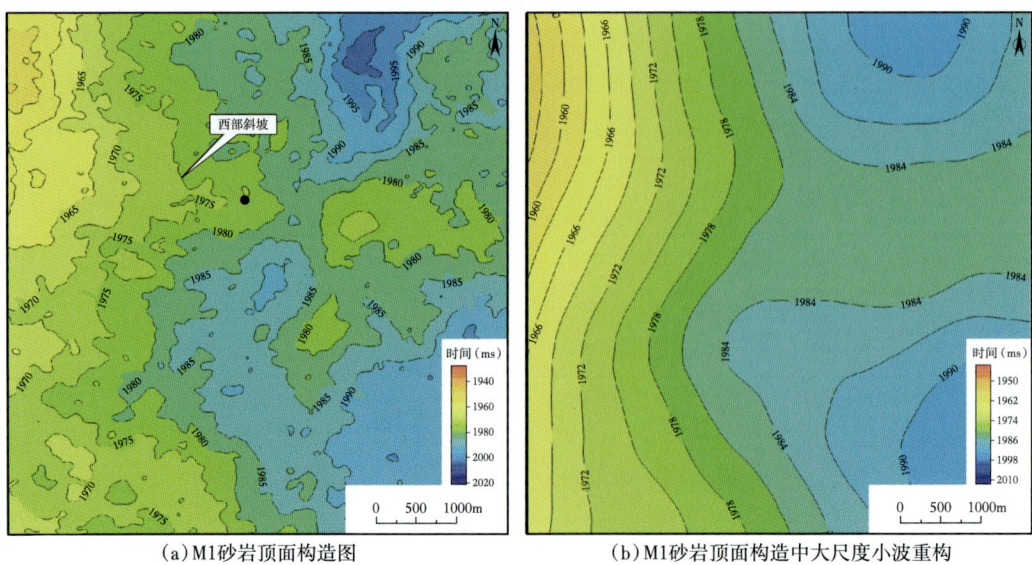

(a) M1 砂岩顶面构造图　　　　　　　(b) M1 砂岩顶面构造中大尺度小波重构

图 4-19　厄瓜多尔 14 和 17 区块 M1 砂岩顶面小波变换前后构造图对比

在局部微幅起伏（图 4-20a）中，识别出了不同尺度的低幅度构造信息，包括幅度为 1.5~3m、1.5~6m、1.5~9m、1.5~15m 等，能够有效表征幅度小于 5m 的低幅度构造特征，快速展现低幅度构造细节。14 和 17 区块西部识别出多个幅度小于 5m 且宽缓的微幅起伏；东部识别出 9m 幅度的微构造已被钻井证实为油藏。多尺度小波重构（图 4-20b）识别的低幅度构造数量、幅度与范围，与定量识别结果（图 4-20a）基本一致。因此，利用多尺度小波重构的方法可消除区域构造背景影响，快速显示构造细节和识别低幅度构造形态。

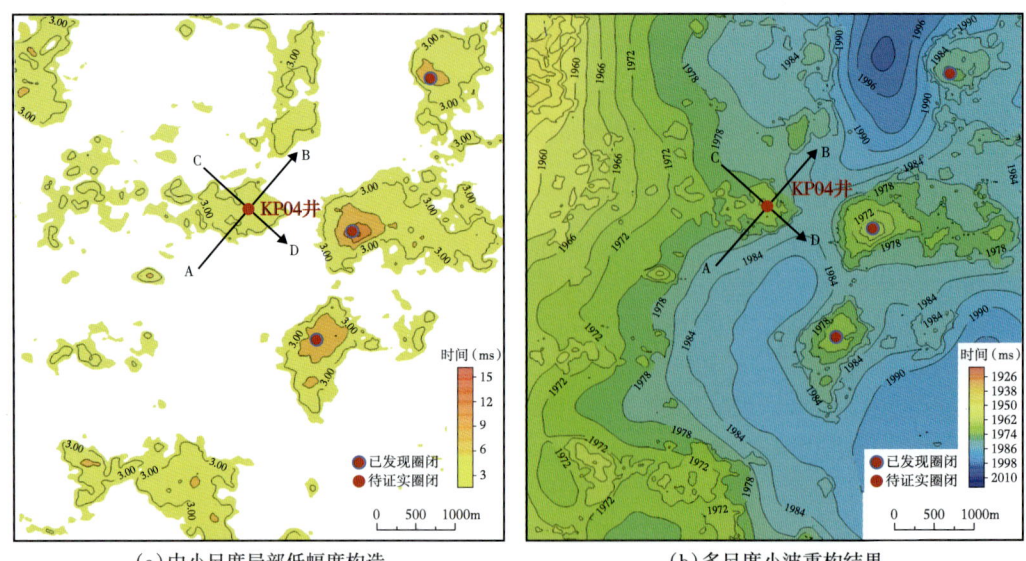

(a) 中小尺度局部低幅度构造　　　　　　(b) 多尺度小波重构结果

图 4-20　厄瓜多尔 14 和 17 区块 M1 砂岩顶面小波变换低幅度构造识别

综合储层预测与油气富集规律等认识，优选其中的一个低幅度构造圈闭部署 KP04 井，低幅度构造高点见地震十字剖面（图 4-21），在 M1 段钻遇 4m 油层，获工业油流。随后在 14 和 17 区块发现 Kupi-E 和 Nantu-E 等一批低幅度构造油藏。

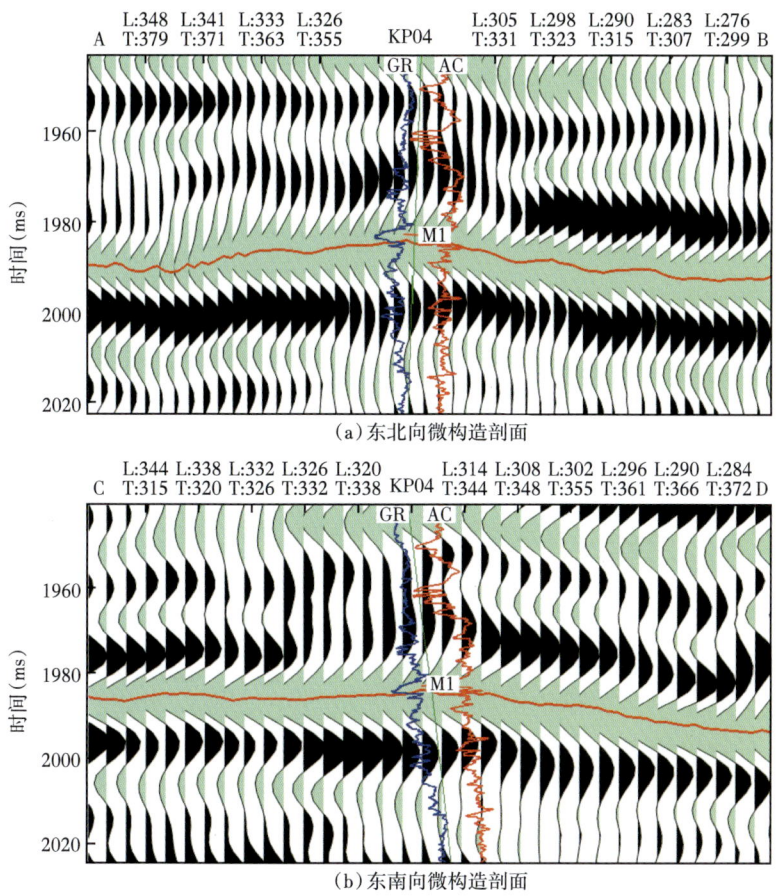

图 4-21　奥连特盆地 KP04 井 M1 段低幅度构造地震十字剖面（剖面位置见图 4-20）

第三节　超薄砂岩地球物理预测技术

薄层地球物理预测技术历经数十年的发展与不断完善，已经取得丰硕成果，但小于 5m 厚的超薄层定量预测仍是一个世界性技术难题。长期以来，公认的地震波"垂向可视分辨能力"的极限为 $\lambda/4$（λ 为主频波长），薄层预测精度一直受限于地震资料视主频的大小与频带宽度。随着地震资料采集与处理技术的进步，"两宽一高"的采集与处理技术一定程度提高了薄层的定性识别能力；然而，基于常规的地震数据开展薄层预测仍存在很多问题亟须解决，如薄互层地震反射信号始终受单层厚度、组内层数、物性差异及流体等因素影响，其定性识别能力一直与反射波频率和能量衰减的恢复技术密切相关。因此，在拓展有效带宽、克服振幅失真、消除高频的冗余谐波等方面仍需持续技术攻关。同时，地震子波恢复技术、全频带信号能量恢复与重构技术、去伪存真的分析技术或质控技术等算法的优化仍是目前的研究重点。

在通过改进反演方法识别超薄层方面，由于受地震分辨能力限制，传统地质统计学反演预测的薄层信息依赖约束点的线性插值，约束点非均匀分布会导致反演随机性增强，导致薄层的精准表征能力变差。基于波形约束相控反演，可借助高分辨率地震波形约束进一步提高测井沉积层序与反射波组之间的非线性映射精度，减弱非均匀约束点的影响、降低测井高频曲线的插值权重。实际应用中，反演结果的可靠性除了受子波、层位与井信息、反演算法等影响之外，依然受地震有效频宽之外的低频和高频信息影响，因此如何构建有效的高/低频模型，寻找更优的算法降低薄层反演不确定性，仍是薄层地震反演的研究重点。本章将重点介绍宽频地震信号处理和宽频地震相控波形反演技术。

一、宽频地震信号处理技术

近年来发展的一系列与薄层预测相关的高分辨率地震资料采集、处理和反演技术，有效推动了薄层油气勘探[1-9]，但基于常规叠后地震资料实现超薄储层精准预测，仍面临主频低、频带窄的挑战，分辨率低制约薄储层预测。

长期以来，业界普遍认为地震视分辨极限厚度为$\lambda/4$，小于极限分辨厚度的储层被称为超薄储层。随着勘探开发对象聚焦更深、更薄的地质目标，薄层或超薄储层识别和预测的要求越来越高，技术难度越来越大。为进一步提高常规地震数据分辨能力，不同学者在信号分析领域发展了一系列拓展地震频带宽度的处理方法，形成了反褶积、反Q补偿、谱反演等技术，在薄层识别与预测中被广泛应用。Chakraborty等[24]阐述了利用小波变换的方法对不同频率用不同尺度进行分析，它能给出比较好的时间精度，在低频区有很好的频率精度，而在高频区频率分辨能力较弱。Rodriguez等[25]提出了一种基于对时频变换应用稀疏约束的噪声衰减技术，产生了更好的噪声衰减信号。崔少华等[26]研究了小波变换方法去噪，但该方法没有增加带宽，只是增加带宽内的局部频率能量。Stockwell等[27]对S变换进行了详细阐述，Sabadell[28]将该方法推广，并应用于地震信号时—频分析，它是短时傅里叶变换和小波变换的组合。高静怀等[29]在S变换基础上，提出广义S变换，理论上可以确定厚度为$\lambda/8$的薄互层。黄捍东等[30]通过实验验证了广义S变换能够提高分辨率。近年来，不少学者利用地震分频技术来解释薄层，如Puryear等[31]采用离散傅里叶变换得到的频谱分解来求取薄层厚度。杜斌山等[32]通过小波分频技术对井旁地震道和测井反射系数序列进行分频处理，提高了层位标定准确性，降低了薄层预测多解性。Al-Dossary等[33]提出将马尔可夫链蒙特卡罗与Metropolis-Hastings结合，解决了反褶积盲解过程中小波时移和尺度模糊问题。迟唤昭等[34]通过提取时变子波提高谱反演反射系数的准确性，将其与宽频零相位子波进行褶积运算，改善了复合波叠置问题，保持了振幅与砂体对应关系。

1. 稳态变时频连续子波建立

常规地震资料提高分辨率方法，包括反褶积、时变谱白化、反Q滤波和谱反演处理等。Castagna等探讨了一种叠后谱反演方法，利用局部频谱信息反演反射系数序列，采用确定性子波或统计子波，不能满足子波时变特性的要求；离散子波忽略了噪声对求取微小反射系数的影响，降低了地震信号重构和薄层识别精度。

由于地层对地震子波的吸收和滤波作用,其在地下介质传播过程中振幅和能量逐步衰减,高频成分能量被逐渐吸收,导致地震子波的能量与主频会随着时间和空间位置发生变化。针对不同时空位置,求取地震子波信号的时间和频率联合分布函数的方法众多,但实际提取的子波形态、旁瓣及主频频率变化会导致薄弱层反射系数求解不稳定,不利于薄层信号的识别与重构。

为减弱噪声对薄层反射系数求解的影响,利用去噪技术减弱或压制噪声(图4-22和图4-23)、提高信噪比后,基于广义S变换求取非稳态离散子波库,建立"稳态变时频"的连续子波函数,消除离散子波基对反射系数求解的影响。

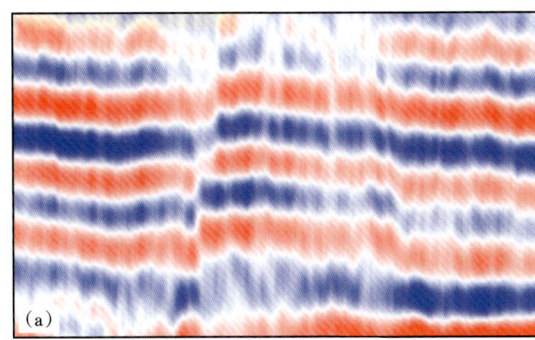
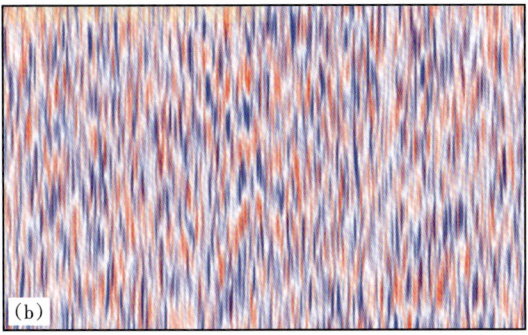

图4-22 原始低频信号(a)和分离的低频噪声(b)

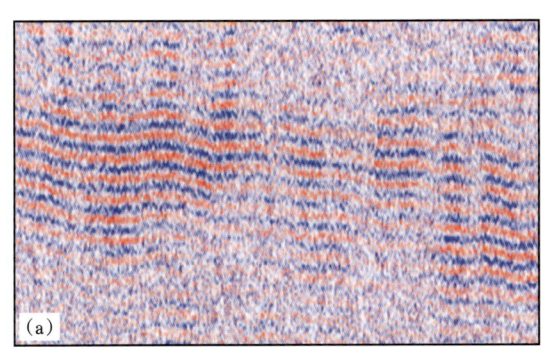
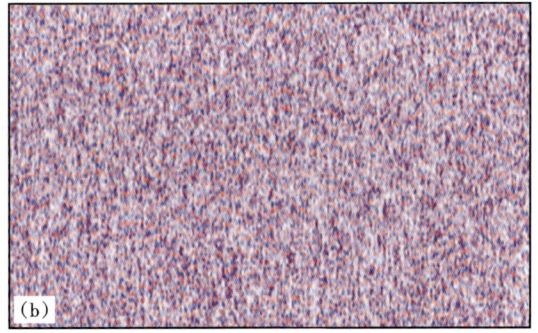

图4-23 原始低频信号(a)和去低频噪声后低频信号(b)

利用广义S变换建立子波库,引用陈学华、高静怀等建立的广义S变换[29],其数学表达式为:

$$GST[x(\tau,f)] = \int_{-\infty}^{+\infty} x(t) \frac{|f|^{\mathrm{rgs}}}{\sqrt{2\pi}} \exp\left[-\frac{(\tau-t)^2 f^{\mathrm{rgs}}}{2\lambda^2}\right] \exp(-i2\pi ft) \mathrm{d}t \quad (4-26)$$

式中 τ——时移时间量,ms;

f——频率,Hz;

$x(t)$——时间域的地震信号函数；

rgs、λ——频率与高斯窗函数大小调节参数；

$GST[x(\tau,f)]$——$x(t)$的广义S变换。

通过该变换，提取不同位置与时间的子波，并利用子波库记录不同位置与时间的子波（图4-24）。

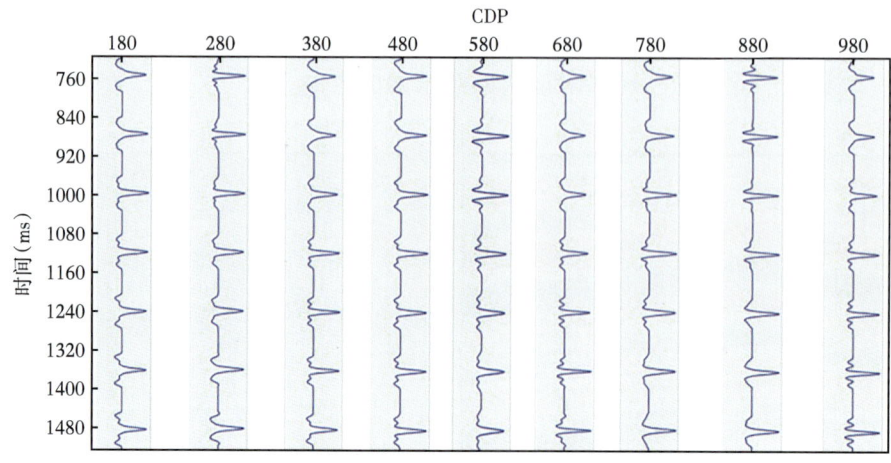

图4-24　厄瓜多尔14和17区块不同时—空位置子波

根据得到的时间与频率、能量变化关系（图4-25），建立子波主频/频率随时间变化的衰减函数，指数衰减拟合后的"稳态变时频"子波拟合公式为：

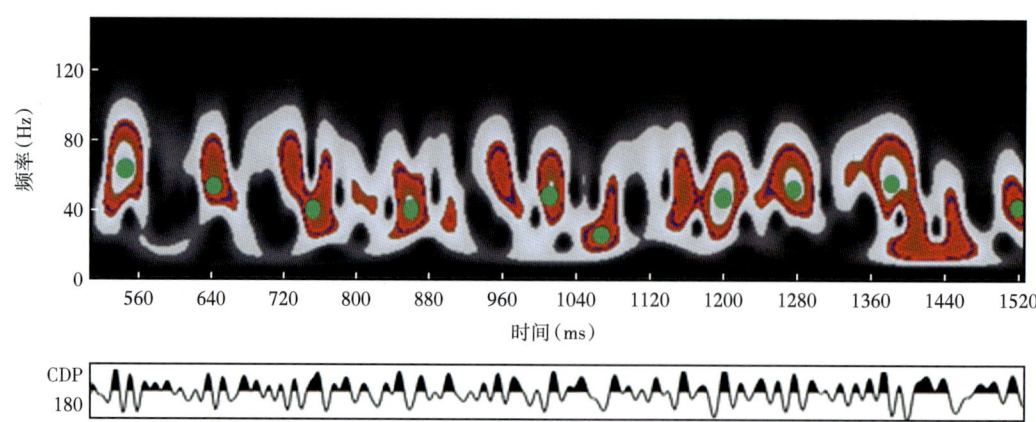

图4-25　厄瓜多尔14和17区块CDP180测线频率和能量随时间变化

$$f_t = f_{start} - k\ln t \tag{4-27}$$

式中　f_t——随时间变化的子波主频，Hz；

f_{start}——子波初始最高主频，Hz；

k——拟合系数；

t——时间，s。

雷克子波公式为：

$$r(t) = \left[1 - 2(\pi f_0 t)^2\right] \exp\left[-(\pi f_0 t)^2\right] \quad (4\text{-}28)$$

将式（4-27）代入式（4-28）得到随时间变化的"稳态变时频"子波函数：

$$W(t) = \left[1 - 2(\pi t(f_s - k\ln t))^2\right] \cdot \exp\left[-(\pi t(f_s - k\ln t))^2\right] \quad (4\text{-}29)$$

根据地震信号处理原理，频率域地震信号可以表示为：

$$S(f) = W(f)R(f) + N(f) \quad (4\text{-}30)$$

式中　$S(f)$——频率域地震记录函数；

　　　$W(f)$——"稳态变时频"地震子波函数；

　　　$R(f)$——反射系数函数；

　　　$N(f)$——噪声函数；

　　　f——频率，Hz。

则地震记录求取公式为：

$$S(f) = W(f)\left[\alpha_i e^{(-i2\pi t_i f)} + \beta_i e^{(-i2\pi t_i f)}\right] + N(f) \quad (4\text{-}31)$$

式中　α_i、β_i——分别为奇、偶反射系数；

　　　t_i——采样点 i 所对应的时间，ms。

最后，利用奇、偶反射系数开展连续小波逆变换，获得"稳态变时频子波"的宽频信号重构数据体。

2. 宽频地震信号恢复

如何充分挖掘现有地震资料的有效信息，提高地震资料的分辨率，对薄储层的勘探开发具有重要意义。近年来，为保幅和保真有效提高地震资料分辨率，相继形成了一系列提高分辨率的处理方法，主要包括[35-36]：（1）谱整形技术，在有效频带内将地震频谱展宽；（2）Q 补偿技术，通过建立地下吸收衰减模型，求取 Q 因子，进行反 Q 滤波，达到提高分辨率的目的；（3）反褶积技术，通过综合利用原始地震资料信息和地质信息，获取地震频带外的信息，达到提高分辨率的目的。综合分析以上方法，均有假设条件和适应范围的限制，如谱整形提高分辨率技术，其假设条件为不同深度资料具有不同子波，单一深度子波相位谱不变，振幅谱衰减的保幅性好，适用具有钟形频谱的地震资料，结果稳定可靠，可用于属性分析和储层预测，但分辨率提升幅度有限。Q 补偿提高分辨率技术，其假设条件为存在与频率无关的品质因子，数学衰减模型和大地吸收机理吻合，能精确恢复振幅和相位，但不同地区衰减机理差异较大，很难与数学模型精确吻合。非线性提高分辨率技术，主要采用非线性反褶积方法，如稀疏约束反褶积技术，通过加入各种稀疏约束项，使反褶积变成非线性问题，克服线性"带限反褶积"的缺陷，能大幅度提高地震资料的分辨率。目前常用的非线性反褶积方法是基于稀疏约束求取反射系数，其假设地层反射系数是稀疏的，在反演中加入各种稀疏约束项，达到提高地震资料分辨率的目的。该方法适用于相对简单的地质目标体，但实际地层反射系数不是严格稀疏的，因其在"有限带宽内"反演出的高、低频信息不受地震资料本身所控制，因此当面对复杂地质目标时，会出现反演结果差异较大、无法辨别有效储层的问题。

针对现有地震提高分辨率处理技术和方法的局限性，探索提出了一种基于高、低频噪声定量约束函数的反射系数求取与地震数据重构方法。其特点是从地震数据分析入手，设计压制高频噪声的最大概率准则和定量约束函数；采用多次迭代的方法，逐步拓宽地震资料的频带宽度，逼近精确的地震反射系数。该方法摆脱了传统技术在"有限带宽"内提高地震资料分辨率的束缚，实现了在"通放带内"提高地震资料分辨率的目的。提高分辨率处理后的地震数据的信噪比和信号保真度高，能满足地质目标研究的要求。

1）技术流程

基于噪声定量约束函数的地震高分辨率处理流程如图4-26所示，主要包括：(1)提取稳态变时频地震子波 $W(t)$；(2)确定有效带宽；(3)设计噪声定量约束最大概率准则及约束函数、求取地震反射系数；(4)重构高分辨率数据等。

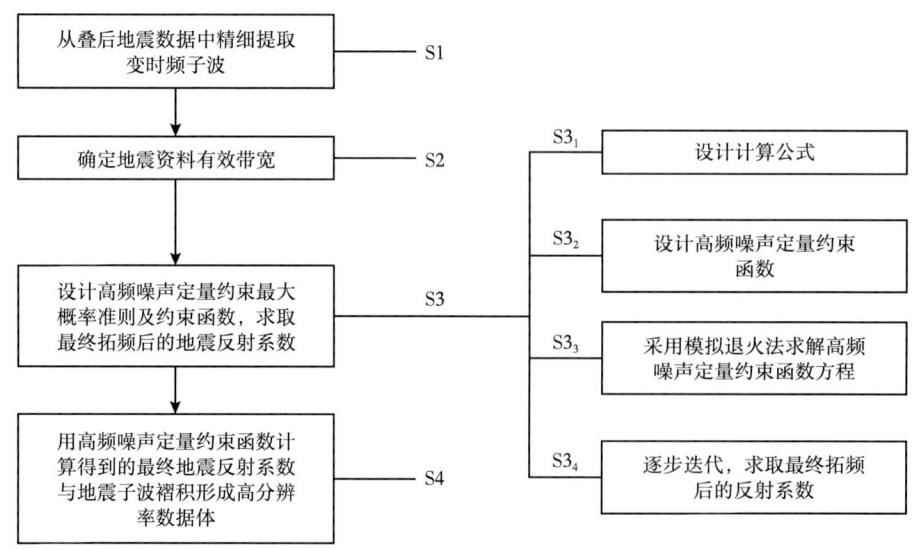

图4-26 基于噪声定量约束函数的高分辨地震处理流程

2）技术方法

（1）第一步：从叠后地震数据中精细提取变时频子波。

地震子波提取的准确性直接影响反褶积后地震反射系数的求取精度，通常以地震波主瓣能量为标准，利用广义 S 变换提取地震子波。为确保时窗内地震数据稳定性，需去除地震数据中奇异值的影响以提高信噪比，并选择合适的时窗和子波提取方法，然后对多个子波求平均值，可有效降低误差[37-38]。

（2）第二步：确定地震资料有效带宽。

对叠后地震资料进行分频扫描，计算信噪比，信噪比大于1的频率带宽即为"有效频宽"。

$$\mathrm{SNR} = \frac{E_\mathrm{S}}{E-E_\mathrm{S}} = \frac{\sum_{i=1}^{M}\left(\sum_{j=1}^{N}h_{ij}\right)^2}{N\sum_{i=1}^{M}\sum_{j=1}^{N}h_{ij}^{\ 2} - \sum_{i=1}^{M}\left(\sum_{j=1}^{N}h_{ij}\right)^2} \quad (4\text{-}32)$$

式中　SNR——信噪比；

E——地震记录能量；

E_S——有效信号能量；

i——分析时窗的采样点数（$i=1,2,\cdots,M$）；

j——地震道数（$j=1,2,\cdots,N$）；

h_{ij}——采样点i第j地震道的地震振幅，Hz。

（3）第三步：设计高频噪声定量约束最大概率准则及约束函数，求取最终拓频后的地震反射系数。

①设计计算公式。

包括奇、偶反射系数的计算公式[31]。设某一地震反射道t_i时间位置的有效地震信号的反射系数为$R(t_i)$，则：

$$R(t_i) = \alpha_i + \beta_i \quad (4\text{-}33)$$

地震反射系数的分解情况如图4-27所示。

根据傅里叶变换，地震有效信号的反射系数谱为：

$$\widetilde{R(f)} = \left[\alpha_i \mathrm{e}^{(-i2\pi t_i f)} + \beta_i \mathrm{e}^{(-i2\pi t_i f)}\right] \quad (4\text{-}34)$$

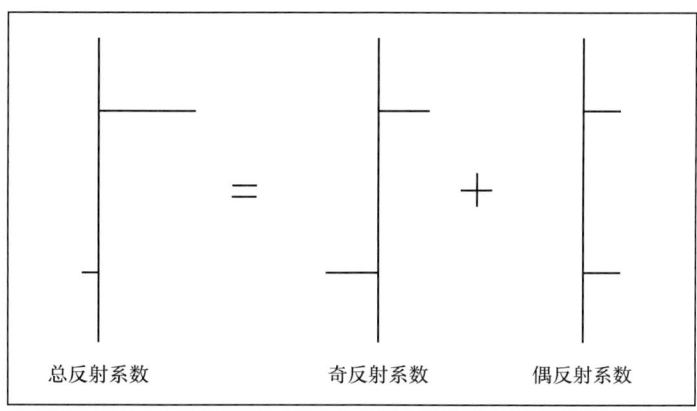

图4-27　地震反射系数分解示意图

地震信号由有效信号和噪声组成。假设地震有效信号和噪声可以被严格区分，根据地震记录的褶积模型，在频率域内，地震信号、有效信号、噪声可分别表示为：

$$S(f) = W(f) \cdot \widetilde{S(f)} \quad (4\text{-}35)$$

$$R(f) = W(f) \cdot \widetilde{R(f)} \tag{4-36}$$

$$N(f) = W(f) \cdot \widetilde{N(f)} \tag{4-37}$$

式中 $\widetilde{S(f)}$、$\widetilde{R(f)}$——地震信号和地震有效信号的反射系数谱；

$\widetilde{N(f)}$——噪声的反褶积结果。

根据地震数据处理方法，有：

$$S(f) = R(f) + N(f) \tag{4-38}$$

对于任意频率 f_c（$c=1, 2, \cdots, C$），将式（4-34）至式（4-37）代入式（4-38），则反射系数谱方程表示为：

$$\frac{S(f_c)}{W(f_c)} = \alpha_i e^{(-i2\pi t_i f_c)} + \beta_i e^{(-i2\pi t_i f_c)} + \widetilde{N(f_c)} \tag{4-39}$$

其向量表达式为：

$$A = \left[e^{(-i2\pi t_i f_1)}, e^{(-i2\pi t_i f_2)}, e^{(-i2\pi t_i f_3)}, \cdots, e^{(-i2\pi t_i f_c)} \right]^T [\alpha_i \quad \beta_i]^T + N = Qg + N \tag{4-40}$$

其中 $A = [S(f_1)/W(f_1), S(f_2)/W(f_2), S(f_3)/W(f_3), \cdots, S(f_c)/W(f_c)]^T$ 是 $C \times 1$ 的向量；$S(f_c)$ 为地震信号；$Q = [e^{(-i2\pi t_i f_1)}, e^{(-i2\pi t_i f_2)}, e^{(-i2\pi t_i f_3)}, \cdots, e^{(-i2\pi t_i f_c)}]^T$ 为 $C \times 1$ 的向量；$g = [\alpha_i \quad \beta_i]^T$ 是 2×1 的向量；$N = \left[\widetilde{N(f_1)}, \widetilde{N(f_2)}, \widetilde{N(f_3)}, \cdots, \widetilde{N(f_c)} \right]^T$ 是 $C \times 1$ 的向量。

②设计高频噪声定量约数函数。

由 $F(p_1, p_2, t, \alpha, \beta)$ 表达，目标函数采用最小二乘法使噪声达到最小值。其表达式为：

$$F(p, t, \alpha, \beta) = \sum_{i=1}^{k} \left[\sum_{j=1}^{\eta} (A - Qg) \right]^2 \to \min \tag{4-41}$$

式中 i——时窗内的采样点（$i=1, 2, \cdots, k$）；

j——地震道数（$j=1, 2, \cdots, \eta$）；

p——初始有效带宽（p_1, p_2）。

③采用模拟退火法[39]求解高频噪声定量约束函数方程。

在计算中，给出初始有效带宽（p_1, p_2），初始 t_i 及对应的初始反射系数 α_i、β_i；按照模拟退火法进行逐一计算，最终得到反射系数体，计算流程见图 4-28。反射系数体与步骤 S1 中提取的地震子波褶积得到合成数据体（S_i）。

④逐步迭代，求取最终分级拓展频带后的反射系数。

采用迭代法求取最终反射系数流程如图 4-29 所示。利用原始数据体与合成数据体（S_i）相减得到最小残差数据体（$S_{E(i)}$）。表示为：

$$S_{E(i)} = S_{R(i)} + N_i \tag{4-42}$$

式中 $S_{R(i)}$——最小残差中剩余的有效信号；

N_i——最小残差中的噪声。

对 $S_{E(i)}$ 数据体进行去噪[18]，并对数据体进行分频扫描，将高频端扩展到 p_3；去噪数据体与合成数据体 S_i 相加得到地震数据体 S_{i+1}。低频端 p_1 不变，利用 p_3 作为初始高频 p_i 进行新一轮迭代（频率从最初的 p_1-p_2 拓宽至 p_1-p_m），即频带宽度变化为（p_1-p_2，p_1-p_3，p_1-p_4，…，p_1-p_m）；确定最终 t 所对应 α 和 β 取值，得到最终反射系数。

（4）第四步：用噪声定量约束函数计算得到的最终地震反射系数与地震子波褶积形成高分辨率数据体。

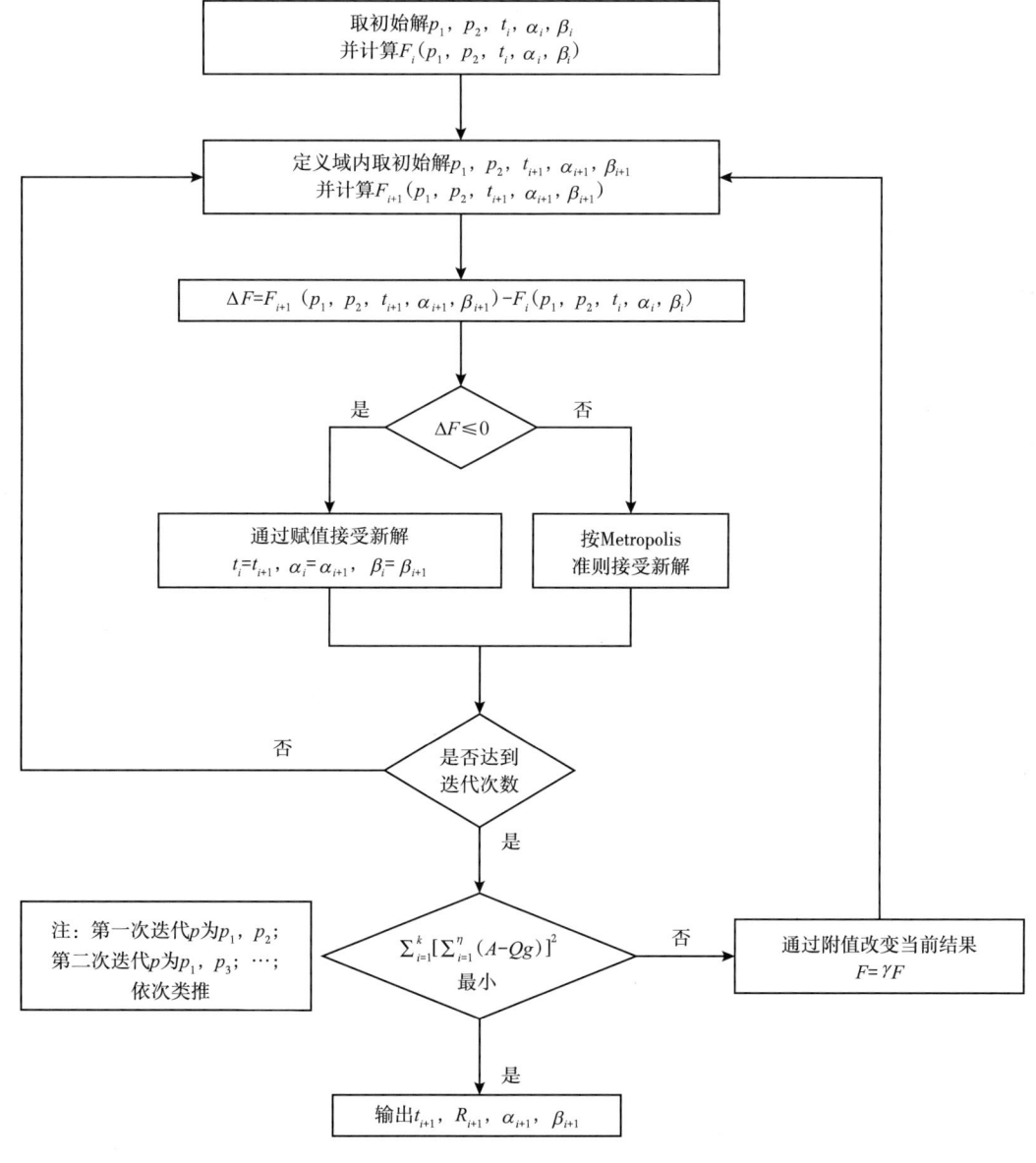

图 4-28 模拟退火法计算反射系数流程

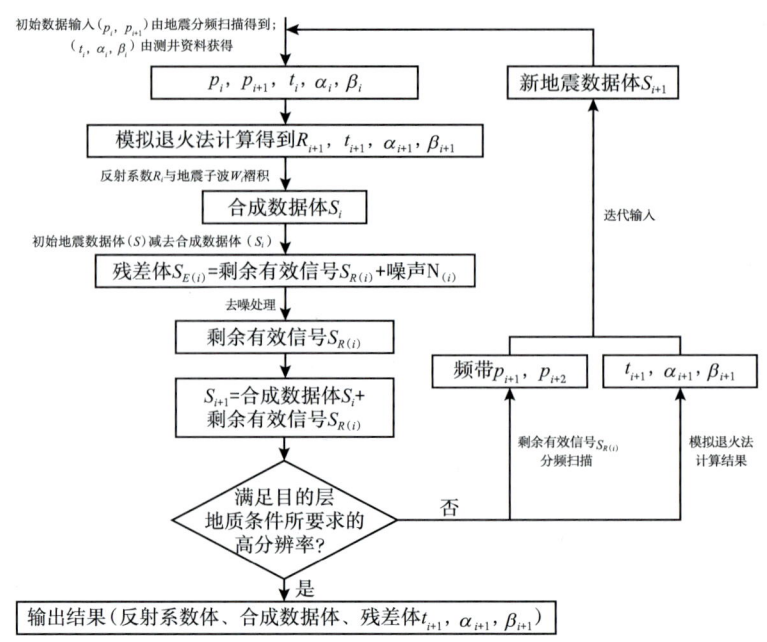

图 4-29 迭代法求取最终反射系数流程

3）方法对比

为检验该方法的可行性，选取受井筒环境影响较小的测井资料，利用本书方法计算地震反射系数，检验本书反射系数合成地震波组的吻合性；同时，进一步测试不同的处理方法，对比分析各种处理结果的频谱、频带宽度及视分辨率提高程度。

测井计算得到的地层合成地震道（红色）与该方法计算得到的地层反射系数合成地震道（黑色）的相对关系吻合率达到 90% 以上，证实该方法获得的地震反射系数具有很高的可靠性（图 4-30）。同时，为更好验证本书方法的实用性，分别采用本书方法、小波变换、谱整形、反 Q 滤波和谱白化 5 种拓宽频带的处理方法，对同一地震数据进行处理（图 4-31）。

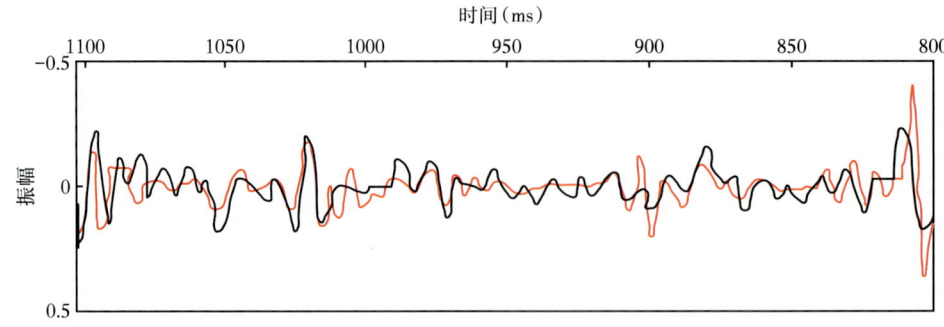

图 4-30 KP 油田 A 井测井计算反射系数与地震处理成果对比

（1）小波变换的子波（图 4-31c），其形态与本书的差异较小（图 4-31b），但其处理后频谱的有效带宽较窄，剖面反射强弱特征保持性较差。

90

(2)谱整形(图4-31d)、反Q滤波(图4-31e)和谱白化(图4-31f)3种方法频谱的有效带宽基本保持不变,应用的子波与原始地震子波(图4-31a)差异较小,视分辨率提高程度有限。

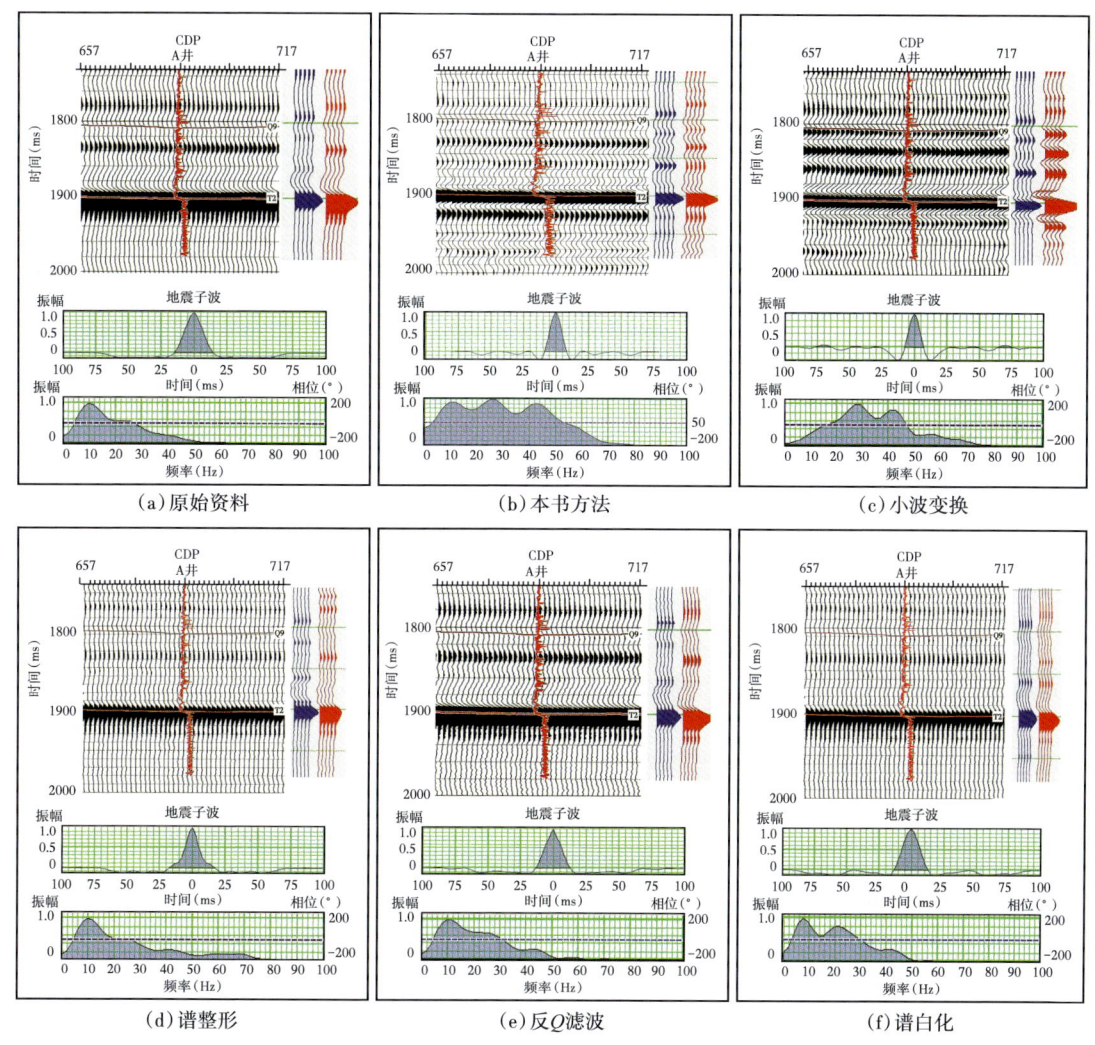

图4-31 本书方法与其他方法处理成果对比

4)应用效果

实例工区位于南美奥连特盆地厄瓜多尔14和17区块,发育M1段薄层至超薄层砂岩油藏,岩性以石英砂岩为主,砂岩厚度为2~5m,埋深在3000m左右,地层层速度平均约为3000m/s,地震主频约为45Hz。由于原始叠后地震主频较低、频带窄,使用常规提高分辨率处理方法难以有效识别M1段薄砂岩特征。

基于目前只有叠后地震资料情况下,应用本方法开展叠后地震资料处理,处理前地震数据主频约为45Hz、有效频宽8~55Hz(图4-32a),理论最高截止频率可识别厚度约为14m;本书方法得到的地震剖面(图4-32b),地震主频约为85Hz,有效频宽拓展到

7~135Hz，理论最高截止频率识别厚度约为5m。与原始地震相比，本书方法重新处理的叠后地震数据，其视分辨率提高近1倍、有效带宽提高了2倍，为提高超薄层砂岩储层预测精度提供了保障。

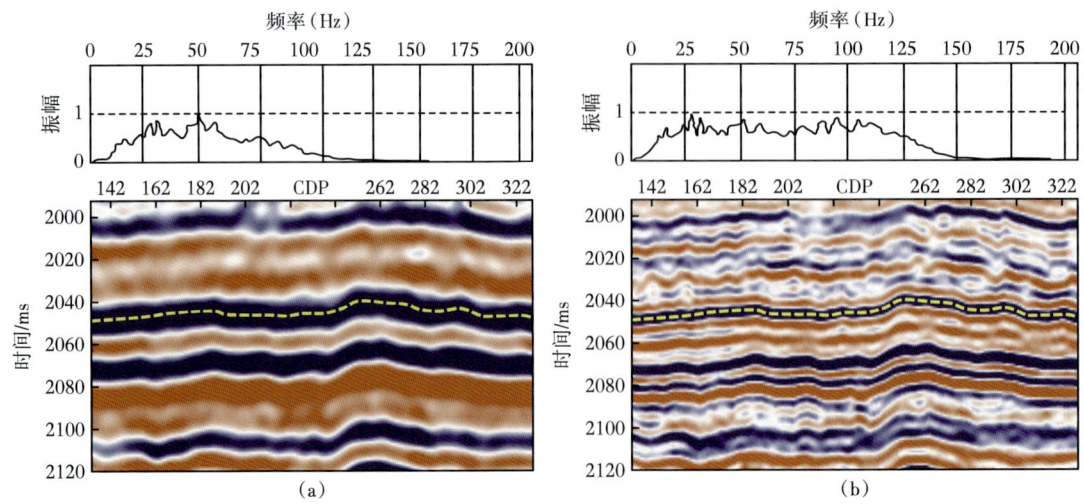

图 4-32 提高分辨率处理前（a）后（b）地震剖面与频谱对比

为验证宽频信号保真重建的可信度，采用浅层标志层的RMS（均方根振幅）属性开展分析对比，原始地震数据的RMS显示水道相互叠置、边界模糊（图4-33a），宽频重构地震数据的RMS显示单一水道边界清晰（图4-33b）。

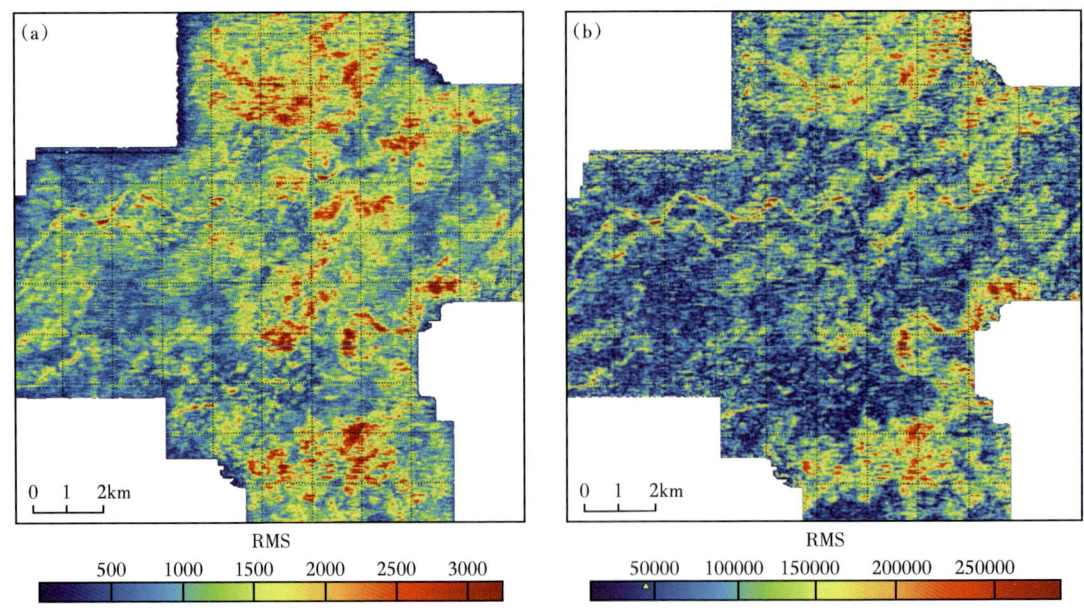

图 4-33 厄瓜多尔14区块原始地震数据（a）与宽频地震数据（b）标志层RMS属性评价对比

为进一步检验与钻井的吻合性，以 K 油田为例，利用实际钻井资料、连井地震进行交互验证。图 4-34 为 KP03 井、KP01 井和 KP02 井测井解释结果。KP03 井钻遇 0.3m 的薄砂岩，解释为干层；KP01 井钻遇 3.6m 的薄砂岩，解释为油层，获工业油流，稳产近 20 年；KP02 井未钻遇砂岩，解释为泥岩。

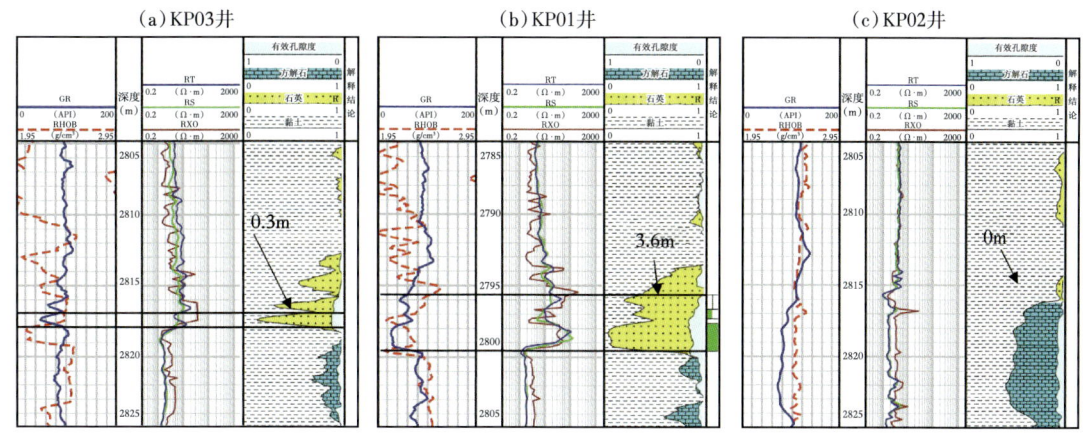

图 4-34　薄砂岩测井解释成果图

对比原始与宽频地震数据的目标层连井地震剖面，原始地震剖面显示储层与非储层的反射皆位于零交叉点附近。在原始连井地震剖面中（图 4-35），KP01 井、KP02 井、KP03 井的砂岩、泥岩反射标定皆位于零交叉点位置，垂向分辨率较低，地震反射无法对其有效区分。

在宽频处理的地震连井剖面中（图 4-36），A01 井中 M1 段有效砂体反射位于弱波谷位置，M1 段砂体地震反射特征明显，边界清晰，有一定的连续性；KP03 井靶点无明显反射，A02 井靶点为空白反射。根据地震反射与钻井结果分析，KP03 井钻遇薄砂岩尖灭位置，推测其西侧发育小于 1.0m 的薄砂岩；KP01 井钻遇的薄砂岩规模大，预测结果与生产动态相匹配；KP02 井钻遇泥岩带，与钻井、测井解释结果一致。

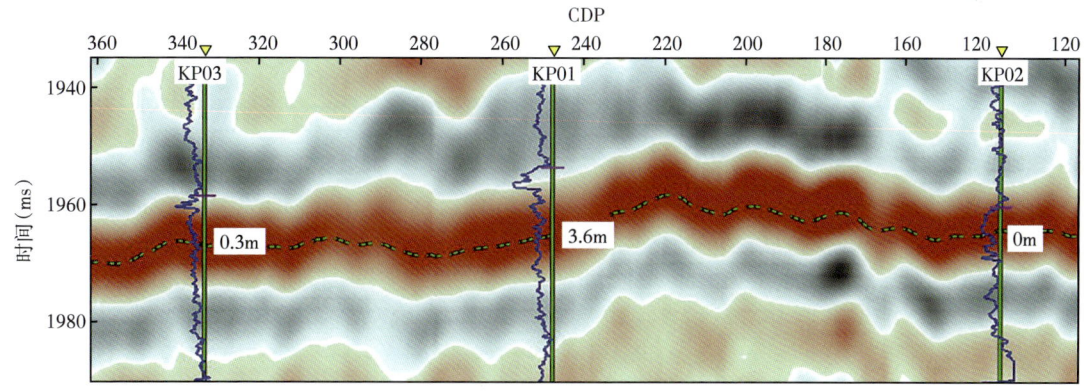

图 4-35　原始地震数据与目标层连井标定对比

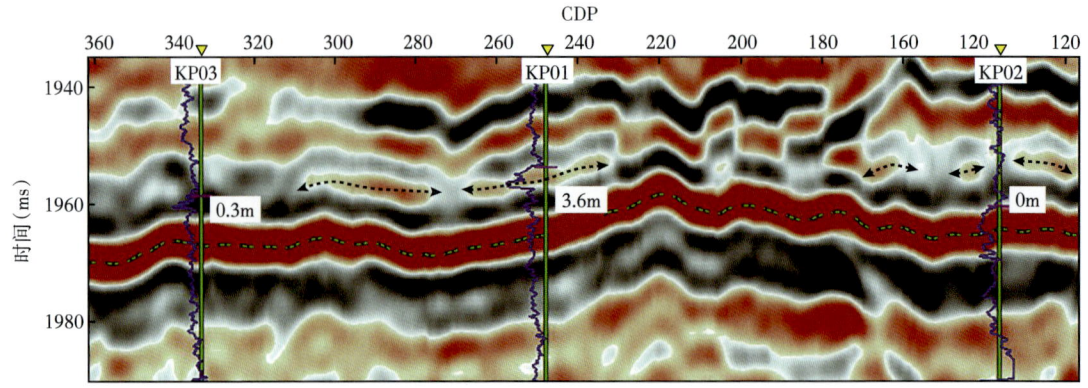

图 4-36 宽频地震数据与目标层连井标定对比

本书提出的处理方法，弥补了传统"有限带宽"提高地震分辨率的不足，实现了全频带内高、低频有效信号的重建。高分辨处理后的地震数据具有视分辨率高，主频高、频带宽的特点。经过实例钻井检验，地质目标体的视分辨能力较原始地震资料提高近 1 倍，其波阻抗反演结果，可有效分辨 2~5m 的地质体，该方法可推广应用于相似地震资料与地质条件的勘探开发工作。目前基于小波变换、L1 范数匹配追踪、压缩感知等高分辨率处理方法，针对不同的地震资料皆有一定的适用性，在实际工作中应根据地质目标的地层组合特征与地震数据自身情况选取合适方法，并在此适当予以改进。

二、宽频地震相控波形反演

储层反演是薄层定量识别和预测的主要手段，其预测准确率不仅与储层厚度、岩性类型、围岩物理特性相关，还与地震资料类型和品质、地球物理预测方法密切相关，以地质统计学为代表的高分辨率反演、基于模型的高分辨率反演，以及波形指示或相控反演等多种方法，逐渐获得了业界的重视和推广。贾承造等[40]提出的重构地震储层和精细划分层序地层单元的地震勘探核心技术，表明地震层序格架约束对薄储层预测具有十分重要的意义。高君等[41]通过波形指示反演，利用地震波形相似性优选相关井样本开展储层反演，该方法适用于横向变化快的薄互层储层。杨文采[42]经过研究证明非线性反演可以获得分辨率更高的波阻抗反演结果。黄捍东等[43]在非线性反演的基础上引入相控思想，赋予反演地质意义，结果更符合地质规律。目前在油气勘探开发领域，针对中等埋深（2500~3500m）砂岩储层预测的极限厚度一般可以达到 5~10m，而小于 5m 的超薄储层准确预测仍为业界难题。

1. 储层岩石物理特征

工区 M1 砂岩为潮汐水道沉积，厚度超薄，仅 2~5m，上、下围岩接触关系复杂，岩性以石英砂岩为主，主要为粗—中粒岩屑砂岩、中—细砂岩和极细砂岩；磨圆度为次棱角—次圆状，分选中等；以泥质胶结为主，偶见钙质胶结；砂岩成分成熟度较高，属于中孔—特高渗砂岩储层。M1 砂岩具有较好的岩—电响应特征，储层岩性和物性越好，其自然电位值负异常幅度越大，自然伽马值越小、密度越小、中子孔隙度越大、声波时差越大。

M1砂岩自然伽马与波阻抗交会图显示（图4-37a），波阻抗特征不能有效区分砂岩和泥岩。泥质含量与波阻抗关系表明（图4-37b），随泥质含量的增加，波阻抗也逐渐增加，表现为砂岩低阻抗、泥岩高阻抗。砂岩孔隙度与波阻抗呈负相关，随着孔隙度增加，波阻抗逐渐降低（图4-37c）。

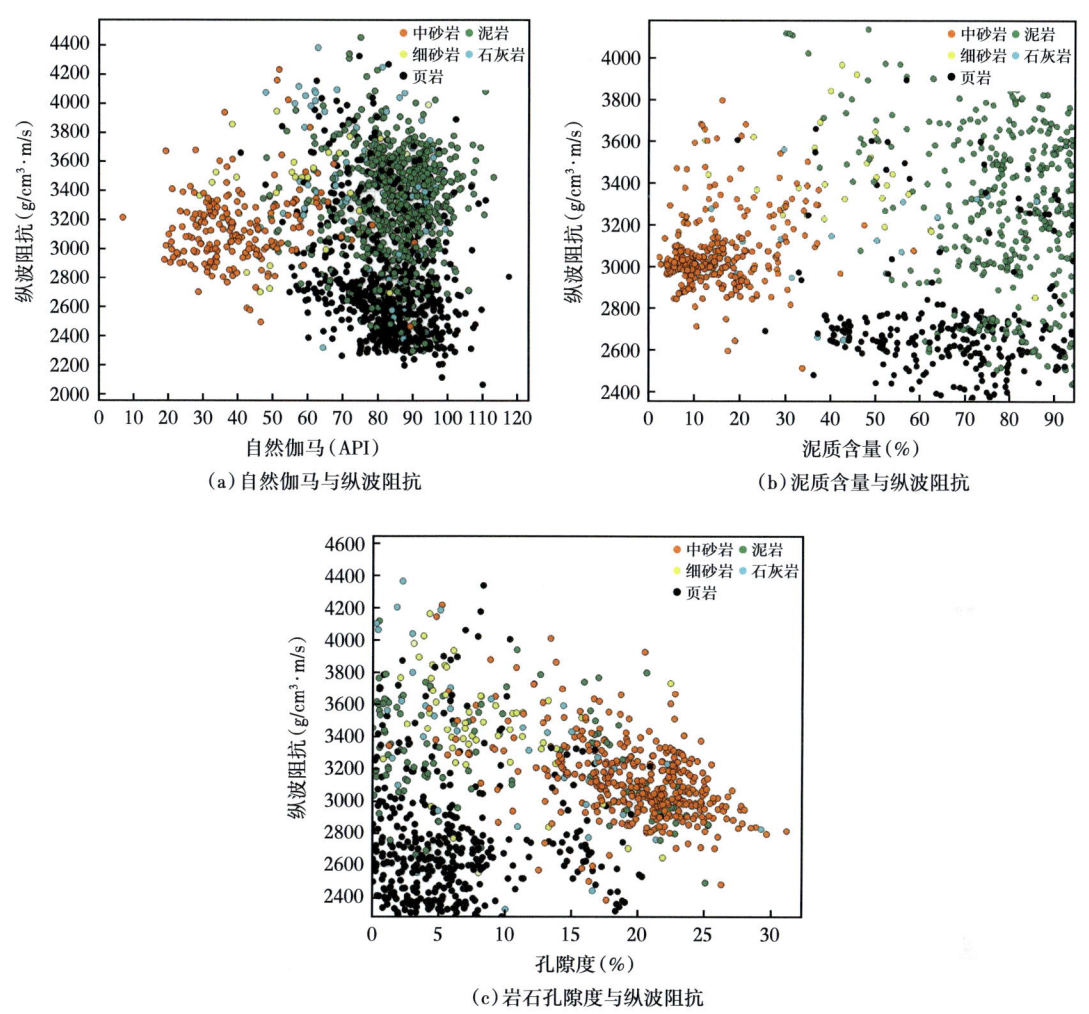

图4-37 厄瓜多尔14区块南部M1段砂岩、泥岩岩石物理响应特征交会图

工区叠后地震数据主频约42 Hz（图4-38），$\lambda/4$分辨能力约26m。已钻井显示M1砂岩厚度2~5m，远小于$\lambda/4$的调谐分辨能力，传统波阻抗反演方法不能有效识别M1砂岩。

2. 超薄储层时频衰减高精度标定

超薄地质目标体的准确识别，对合成地震记录标定提出了更高的要求。目前常用的层位标定包括VSP、相对标定和井—震平均速度等方法，"拉伸与压缩"相对标定方法主要利用强波组反射边界来保证储层的标定精度，会改变反射系数的大小与能量；"多时窗变子波的时差均匀补偿"方法，考虑子波变化与"时差累积效应"，局部累积误差采用均匀分配方式，也会改变反射系数大小。

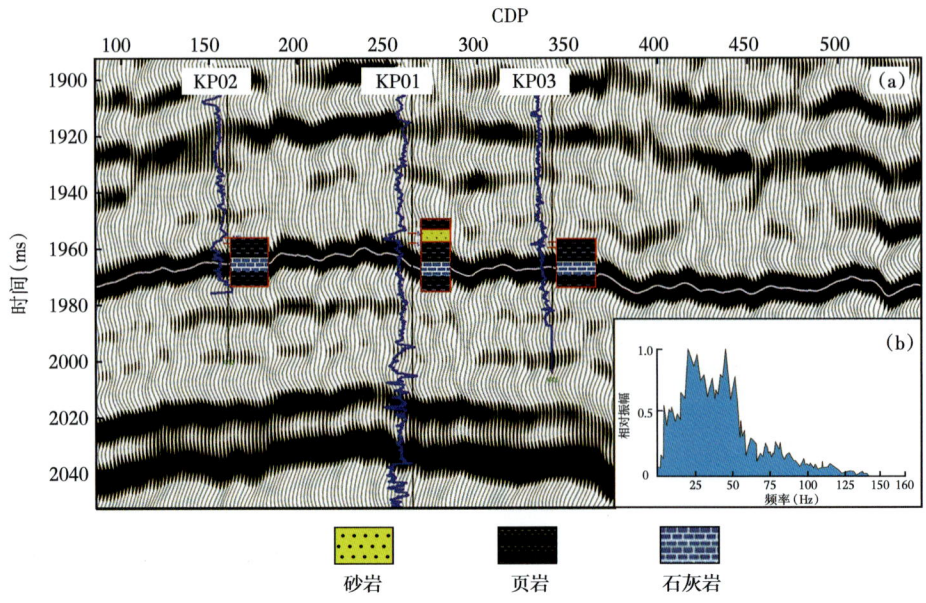

图 4-38 厄瓜多尔 14 和 17 区块 M1 砂岩地震反射剖面（a）与频谱特征（b）

本书采用非强硬拉伸或压缩、时差非均匀补偿进行合成地震记录标定，求取非均匀时差补偿衰减系数，消除由于地层吸收效应而产生的累积时差，获取准确的时—深关系，确保超薄层反射系数和波组关系稳定，提高波组内超薄层反射标定与反演精度。

1）时频衰减标定方法

为提高超薄层的标定精度，明确其内部反射与波组特征，通过对测井资料进行环境校正，消除不同测量年代、仪器，以及人为因素引入的正负基线误差，确保声波曲线能够反映真实地层速度。提取目的层段子波主频，利用互相关方法求取衰减系数，完成基于时—频衰减的高精度合成记录标定。

设地震信号序列是 $T_{seismic}$（共 R 个采样点），合成记录信号序列是 T_{sonic}（共 S 个采样点），且两个信号采样率皆为 f_s。对 T_{sonic} 前、后对称取值，以中心点 $S/2$ 为中心得到预参考序列 T_{sonic}^K（K 个采样点），利用相关公式得：

$$\tau_K(n) = \sum_{i=0}^{K} T_{sonic}^K(i) T_{seismic}(i+nT_s) \quad (4-43)$$

式中　$\tau_K(n)$——采样点 n 的预参考序列相关值；

　　　n——接收信号中参与运算的起始采样点序号；

　　　T_s——地震信号采样点时间间隔，ms。

当 n 取值遍历所有前（$S-K$）个接收点，计算得到最大相关值 $\tau_{K\max}$ 和相关点序号 $n_{K\max}$，从而得到合成记录漂移的渡越时间 $n_{K\max}T_s$。所求取的 Q_f 及测井与地震的速度关系为：

$$Q_f = \frac{T_{seismic}}{T_{sonic}} = \frac{T_{seismic}}{T_{seismic} + n_{K\max}T_s} \quad (4-44)$$

$$v_i^{\text{Seismic}} = v_i^{\text{Sonic}} Q_f \quad (4\text{-}45)$$

式中 v_i^{Seismic}——采样点 i 地震层速度，m/s（i=1，2，…，n）；

v_i^{Sonic}——采样点 i 声波测井层速度，m/s（i=1，2，…，n）。

设声波测井地层厚度平均反射系数（r_i）的表达式为：

$$\begin{aligned} r_i &= \frac{\rho_{i+1} Q_f v_{i+1}^{\text{Sonic}} - \rho_{i+1} Q_f v_{i+1}^{\text{Sonic}}}{\rho_{i+1} Q_f v_{i+1}^{\text{Sonic}} + \rho_{i+1} Q_f v_{i+1}^{\text{Sonic}}} \\ &= \frac{\rho_{i+1} v_{i+1}^{\text{Seismic}} - \rho_{i+1} v_{i+1}^{\text{Seismic}}}{\rho_{i+1} v_{i+1}^{\text{Seismic}} + \rho_{i+1} v_{i+1}^{\text{Seismic}}} \end{aligned} \quad (4\text{-}46)$$

式中 ρ_i——采样点 i 层密度，g/cm³（i=1，2，…，n）；

v_i——采样点 i 层速度，m/s（i=1，2，…，n）。

由式（4-46）可知，利用速度衰减系数标定地震合成记录，不会改变计算的高频声波反射系数，并可确保反射系数及波组关系稳定。

2）超薄层标定效果

为明确 M1 段超薄砂岩（厚度 2~5m）在 $\lambda/4$ 波长之内的反射位置与地震响应特征，基于同一时—深关系，分别采用 42Hz、60Hz 和 85Hz 主频子波对原始地震数据进行标定（图 4-39）。标定结果显示，42Hz 和 60Hz 合成记录波组皆为波谷，砂体无响应，而 85Hz 正演合成记录可识别 M1 段单砂体反射界面（图 4-39，85Hz 薄层波谷响应），从而确定 M1 砂岩理论上可分辨的子波主频最小值为 85Hz。

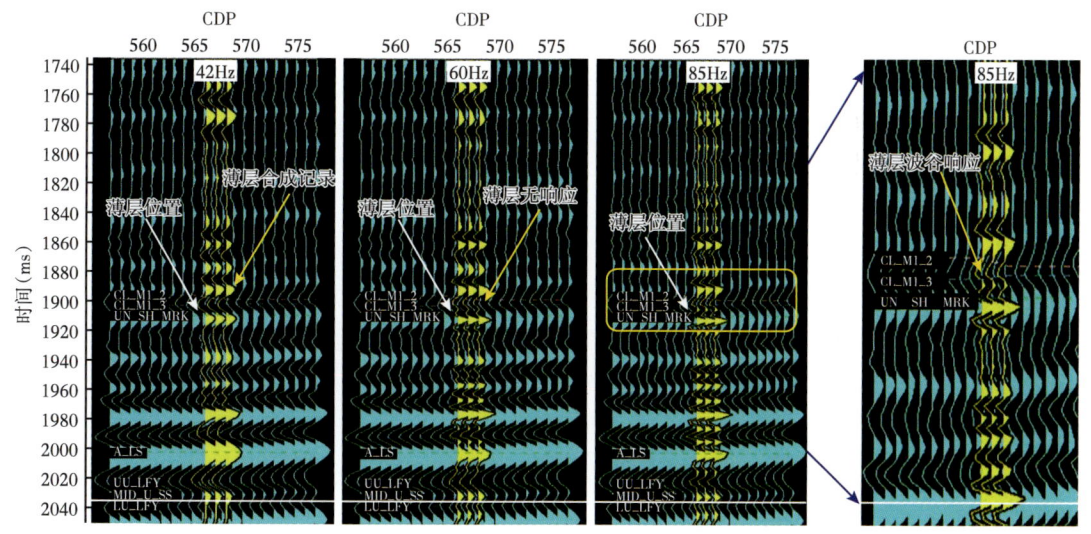

图 4-39 厄瓜多尔 14 和 17 区块 KP01 井不同主频子波标定与薄层分辨率对比

同时—深关系下，对比 KP01 井不同子波标定的合成记录（图 4-40），宽频地震数据 85Hz 子波标定的 M1 段超薄砂岩为弱波谷反射，3.6m 厚砂岩地震响应清晰；而原始地震数据 45Hz 子波标定的 M1 砂岩反射位于零交叉点附近，砂岩难以识别。

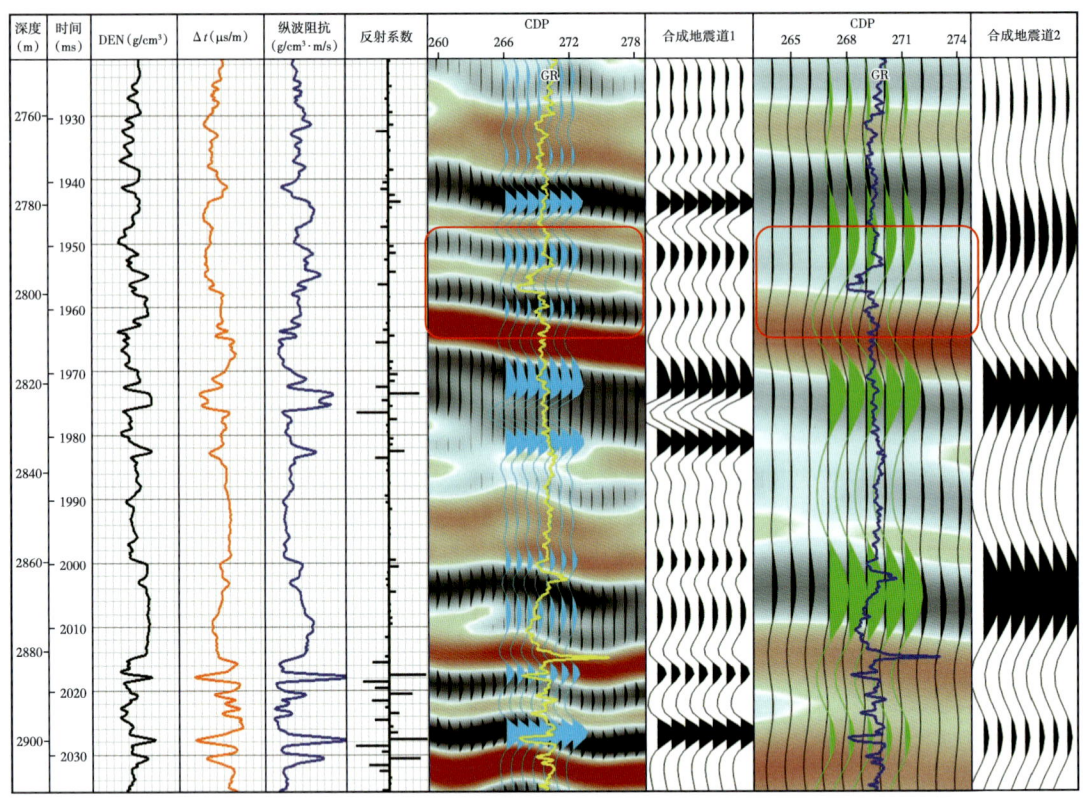

图 4-40　厄瓜多尔 14 区块 KP01 井宽频地震数据与原始地震数据目标层合成记录标定对比

基于时频域声波速度衰减的高精度合成地震记录方法，不但能够确保井震波组之间反射能量的相对关系，而且能从根本上消除因地层衰减而产生的时间误差，克服传统合成记录标定方法的诸多局限性，可为层位和沉积序列精细解释与描述提供更准确的标定信息，其结果对油藏精细描述具有重要意义。

3. 宽频地震相控波形反演

目前油气田储层预测方法主要采用基于模型反演，如地质统计学反演、稀疏脉冲反演等，思路是利用测井低频、地震中频和高频随机模拟相加合成，但超薄层高频模拟的合理性严重依赖井的均匀分布程度，约束井的分布不均使得随机性增强，不能精细表征超薄层的空间变化。基于波形特征的非线性反演方法，如地震相控非线性随机反演，对约束井井点分布不均的薄储层预测，往往可以取得较好的效果。针对工区储层超薄、横向分布零散、反演约束井分布不均等特点，开展基于宽频重构地震高分辨率相控反演预测研究。

1）相控波形反演技术流程

宽频重构地震相控波形反演主要流程包括：利用时频衰减技术进行井震精细标定，建立低频层序框架模型；通过分频测井曲线，建立其与原始地震数据、宽频地震数据的对应关系，以相控层序约束对原始地震数据、宽频地震数据进行确定性反演，高频部分以波形为约束对其进行统计学模拟，实现超薄砂岩定量预测（图 4-41）。

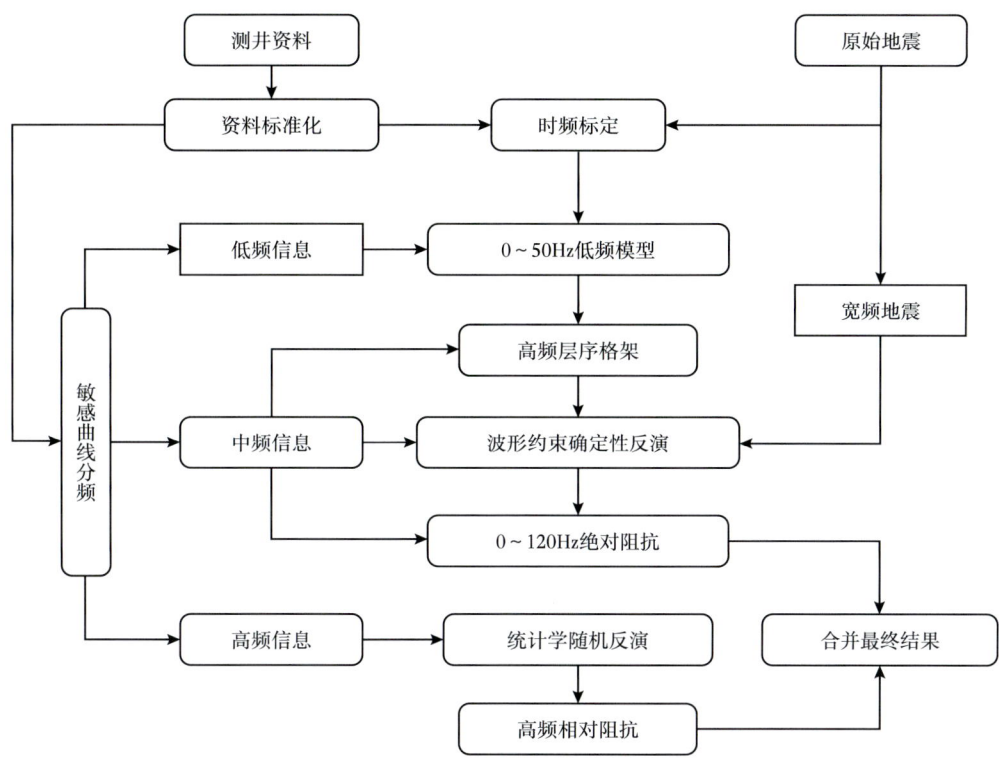

图 4-41　厄瓜多尔 14 区块宽频地震相控反演技术流程

2）宽频地震反演

KP01 井在 M1 段钻遇 3.6m 砂岩，GR 值约 20API。距离该井约 1.7 km 左右的 KP02 井与 KP03 井未钻遇砂岩，M1 段 GR 值约 90API，解释为泥岩。对比 3 口已钻井地震反演结果（图 4-42），基于宽频重构地震反演后的 M1 段超薄砂岩地震响应特征清晰，砂体横向变化特征与宽频地震反射信息相吻合。

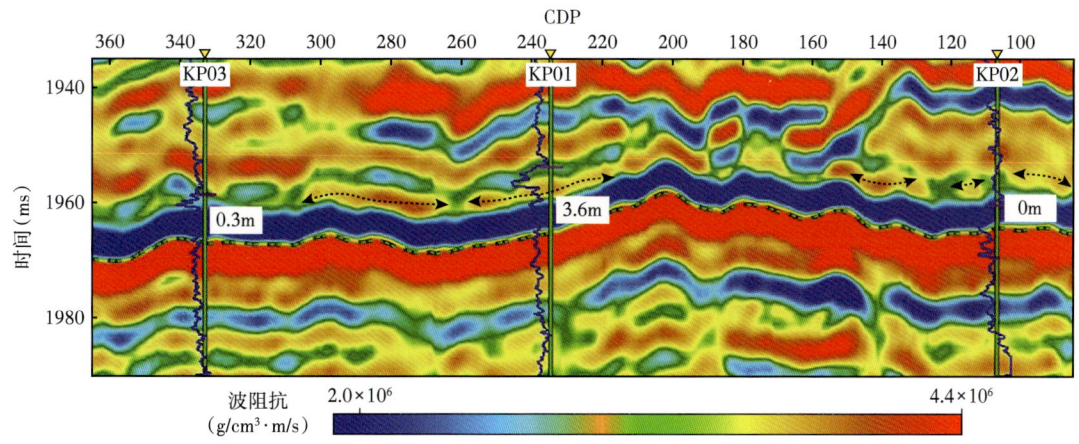

图 4-42　厄瓜多尔 14 区块 Kupi 油田宽频地震相控波形反演剖面

基于宽频地震的相控波形反演方法,汲取了传统相控格架约束的优点,充分利用了薄层宽频地震信号的可识别性,利用可识别的波形与测井高频信息进行双向约束定量求解薄层预测信息,该技术可有效解决该区 2~5m 超薄储层定量预测问题。

第四节 水动力油藏识别技术

水动力油藏分为天然形成的和油田开发后期造成的两种类型[44]。天然水动力油藏一般具备以下特征[45]:所处盆地两端存在较大高差,水头和出水口具有持续的水流和压差;发育连通的较厚储层和区域性盖层;油藏与盆内正向局部构造相关;油藏原始油水界面不一致,呈倾斜状态;油藏具有统一的压力系统。

一、水动力油藏成因

奥连特盆地受后期安第斯造山运动的控制,逐渐形成西侧构造高、中部深洼区、东侧平缓抬升的前陆盆地构造特征,盆地西部安第斯山脉出露的白垩系 Napo 组与东部亚马孙平原露头高差 1~2km;Napo 组 LU 亚段是区内主要含油层段,砂岩物性表现为中等孔隙度和中高渗透率,且连片分布,储层净厚度最厚达 60m,上部发育巨厚泥岩盖层。安第斯山脉的地表雨水不断注入 LU 亚段并向下传导流,经盆地中部储层,再从东部平原地表流出,形成天然的水动力系统。厄瓜多尔 14 和 17 区块位于盆地中部前渊带,发育多条不同级序的构造脊,同一构造脊近南北走向,构造脊区域发育众多低幅度背斜构造(图4-43),为水动力油藏富集创造了构造条件。LU 亚段油藏的油水界面从北西往南东方向逐渐降低,越过前渊带轴部之后又逐渐抬升,呈现倾斜产状。根据水动力成藏条件分析,奥连特盆地具有天然水动力成藏的地质条件。

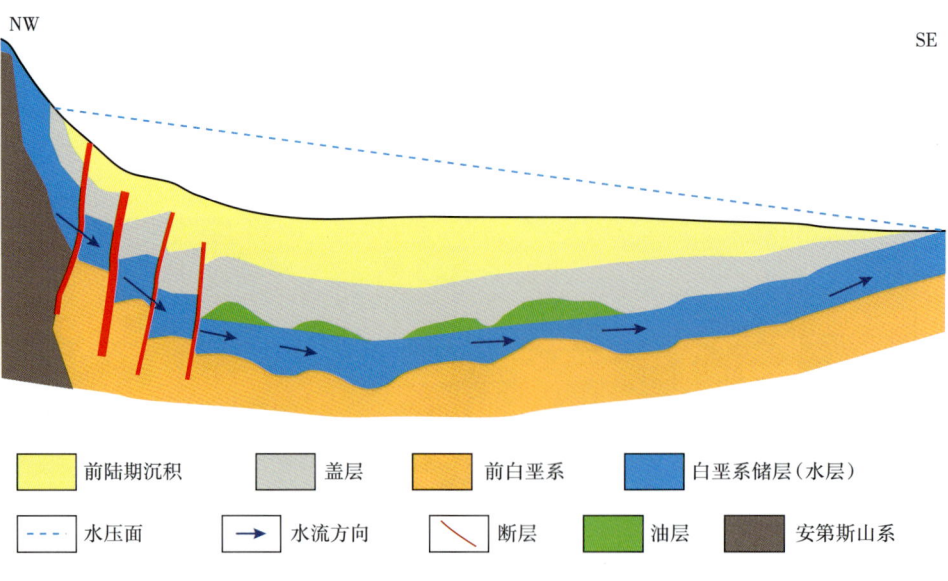

图 4-43 奥连特盆地水动力油藏成藏模式

二、水动力油藏判别方法及应用

一般情况下，水动力油藏的油水界面与背斜（正向）构造形态和水动力条件（强弱）相关，油藏的原始油水界面倾角约等于背斜（正向）构造溢出点连线与水平面的夹角。图 4-44 是鼻状构造水动力油藏剖面示意图，H_1 和 H_2 为正向构造的溢出点，两者连线与水平线的夹角为 A；h_1 和 h_2 是两口油井实际钻遇的油水界面深度，两者连线与水平线的夹角为 a；若 A 等于或约等于 a，则该鼻状构造油藏类型表现为水动力油藏特征。

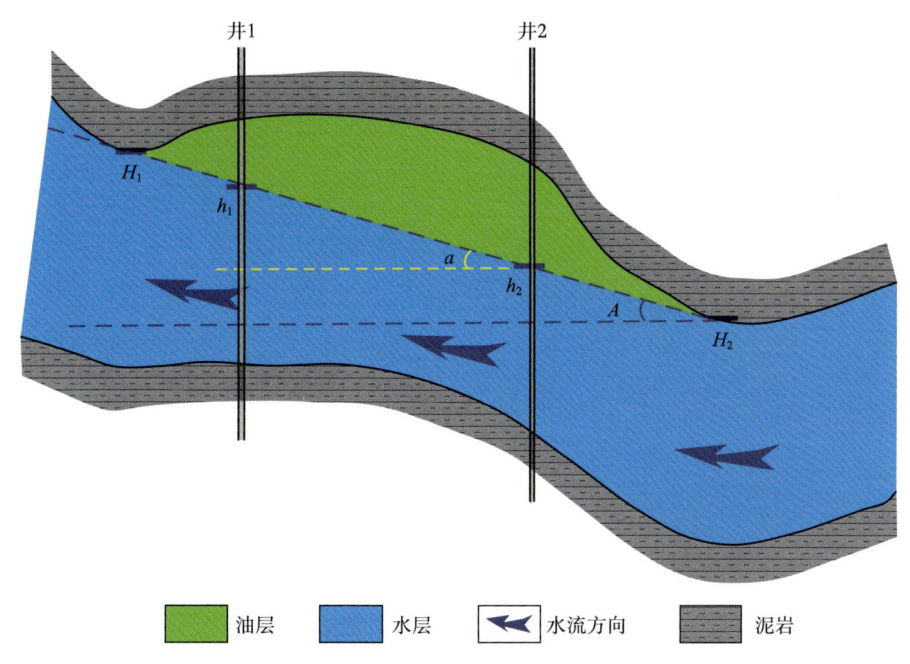

图 4-44　鼻状构造水动力油藏剖面示意图

研究区内 Horm 和 Horm-S 为厄瓜多尔 17 区块相邻的两个已开发的老油田（图 4-45），近南北走向构造特征，主力产油层均为 LU 亚段储层，开发实践表明从北向南 LU 亚段油藏各口井的油水界面深度呈现降低趋势，而油田依靠天然能量开发 10 多年，油藏压力始终保持接近原始地层压力水平，说明油藏边水充足和天然水动力活跃，具有天然水动力油藏成藏条件。根据水动力油藏的判别准则，H23、HS2 两口井实钻油水界面连线与水平面之间的夹角与鼻状构造两个溢出点连线与水平面之间的夹角相等，均为 0.35°。在 Horm 油田南部已知井油底构造线之外，依据鼻状构造形态和油水界面倾斜趋势，按照水动力油藏圈定含油范围，比以构造油藏圈定的含油范围新增含油面积 2.2km^2（图 4-45）。据此部署的 P3 井，钻遇 9m 油层，P3 井油水界面深度比北部 H23 井低 7m（图 4-46），进一步证实该区 LU 亚段油藏为水动力油藏类型。P3 井初期日产油 57t、含水率 20%，取得成功，为下一步在 Horm-S 油田南部外扩水动力油藏提供了参考。此外，后续在 TN 油田南部滚动扩边，也发现 LU 亚段油藏具有水动力油藏特征。厄瓜多尔 17 区块水动力油藏认识和实践，对奥连特盆地内其他区块 LU 亚段油藏或其他层位油藏滚动扩边具有指导意义。

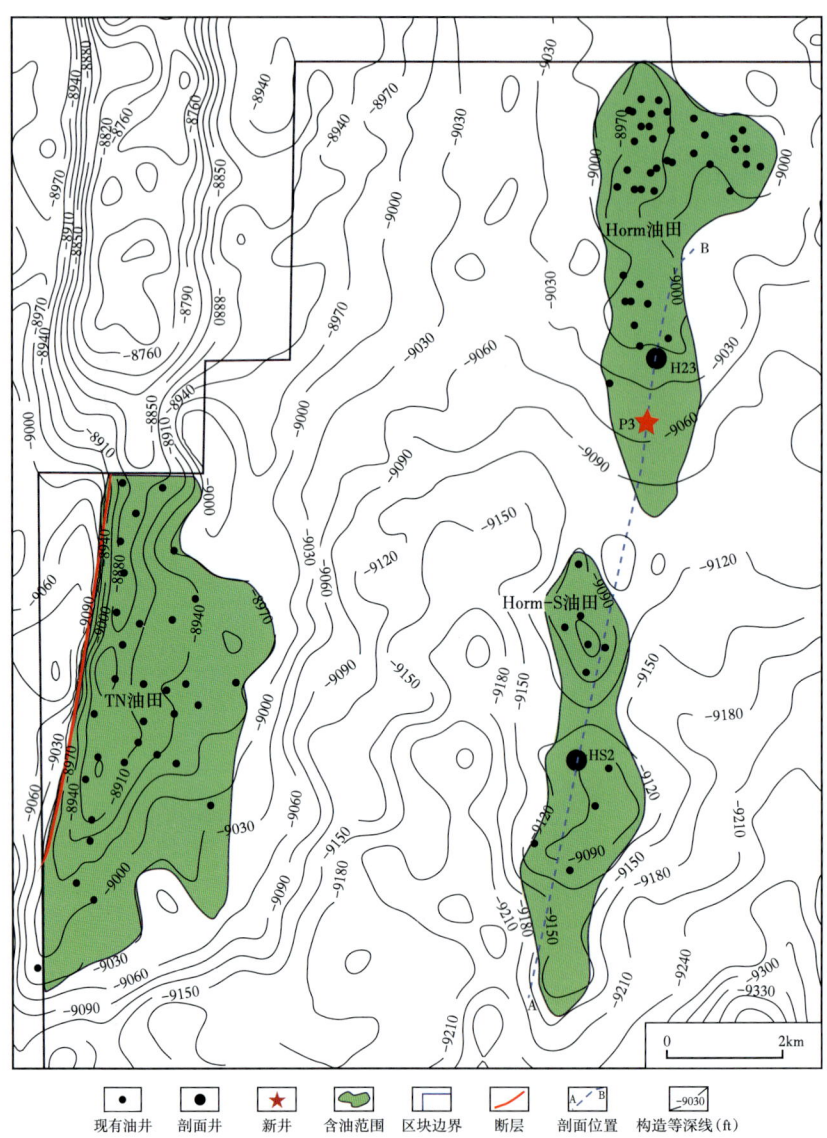

图 4-45 厄瓜多尔 17 区块 LU 亚段水动力油藏含油范围

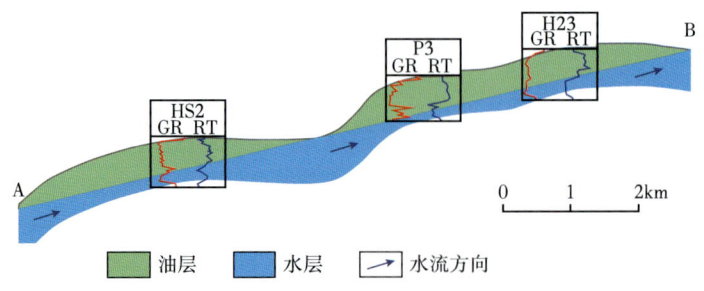

图 4-46 Horm 和 Horm-S 油田 LU 亚段油藏剖面图（剖面位置见图 4-45）

第五节 隐蔽油藏滚动勘探开发策略

厄瓜多尔 14 和 17 区块位于热带雨林且地下隐蔽油藏类型多样，勘探发现的单个油藏石油地质储量规模小且分布零散，产能建设成本高，实现经济有效开发面临较大的挑战。本节重点从以下 3 个方面阐述隐蔽油藏滚动勘探开发策略，即圈闭评价优选决策降低勘探风险、神经网络快速预测单井产能、热带雨林隐蔽油藏滚动勘探开发策略。

一、圈闭评价优选

针对厄瓜多尔 14 和 17 区块多种类型隐蔽油藏综合研究，揭示了该区低幅度构造控藏、潮汐水道薄层砂岩储集、水动力成藏、潮汐水道间泥岩遮挡地质新认识，利用本章第一节至第三节的地球物理关键技术开展圈闭评价，研发多因素综合评价方法体系，优化排序滚动评价目标，实现整体效益最大化。

（1）建立基于多因素风险的滚动目标筛选评价指标体系。

依据圈闭类型和油藏特点、滚动评价目标影响因素，构建了多层次、多因素风险综合评价指标体系，优化排序滚动评价目标，以效益建产为目标；优化滚动开发目标（图 4-47）。

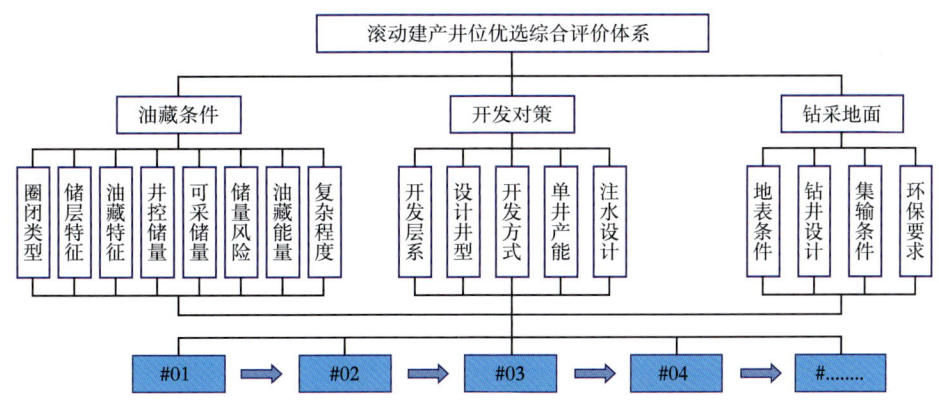

图 4-47 研究区滚动勘探开发目标评价优选体系

研究区滚动勘探开发目标评价优选主要考虑以下因素，一是圈闭类型和储层自身条件，主要考虑圈闭类型、储层特征、油藏特征、井控储量、可采储量、储量风险、油藏能量和复杂程度等因素；二是采用的开发方式和开发对策，主要考虑开发层系、设计井型、开发方式、单井产能和注水设计等因素；三是热带雨林地表条件下钻采和地面工程因素。

（2）建立基于定量评价的有利滚动勘探开发目标筛选评价方法。

在对油藏条件、开发对策和钻采地面等评价指标相关性分析的基础上，利用贝叶斯公式计算这些圈闭组合的风险，估算滚动勘探开发目标的成功概率。根据实际掌握的资料数量、质量及置信度，依据合理性矩阵对风险参数赋值（图 4-48），计算得出滚动勘探开发目标的成功概率。

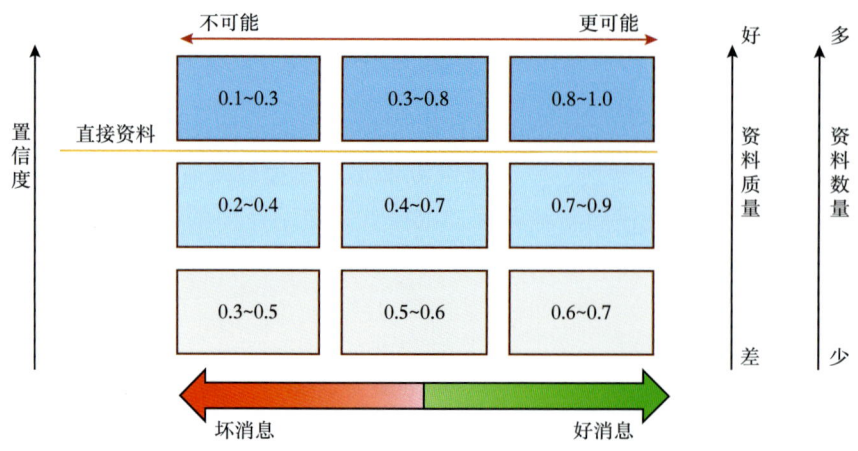

图 4-48 滚动勘探开发目标风险参数合理性矩阵

（3）形成高效滚动目标优选流程。

根据滚动勘探开发目标评价结果对目标圈闭进行优选和排队（图 4-49），划定优选的滚动勘探开发资源门限和风险门限，对达到门限以上的目标圈闭进一步深入研究，作为参与最终优选排队的目标，而在门限以下的圈闭则暂不考虑。

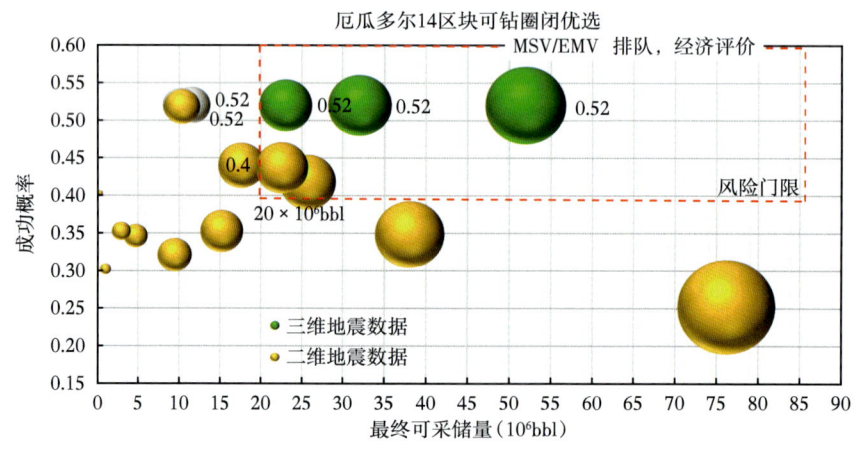

图 4-49 圈闭资源量—地质风险交会分析图

对于达到资源和风险门限的圈闭，资源量越大且勘探风险越小（即勘探成功概率越高）的圈闭，就越有价值。实际操作过程中，还需要考虑油田勘探和开发策略，如油田滚动扩边更看重成功概率，新层系勘探则看重较大的资源量，甩开勘探注重对成藏条件评价的战略意义等。策略和目的不同，必然导致圈闭评价优选的结果存在一定的差异。

二、基于神经网络的单井产能预测方法

2006 年以来，先后在 Horm、Nantu、Wanke、TN、Horm-S、Kupi 6 个油田设计并完钻 160 口新井，新建产能 $600 \times 10^4 t$。油田滚动勘探开发过程，随着新井钻后资料的不断获

取，对油藏认识逐步加深，原先制定的开发方案和井位部署方案需要及时调整，常常会遇到钻机等待井位的现象，需要在最短的时间内提供最新优化的井位，并快速对新井产能进行评价，为项目投资提供技术决策。新井产能评价是新井投产后具有良好开发效果和经济效益的保证，也是新井合理工作制度制定和油田开发方案优化的基础。

目前，国内外针对油井产能评价的方法很多，大致可分为类比法、公式法和数值模拟预测法3类。类比法通常选取与评价井具有类似油藏类型、储层物性和流体性质的同区块油藏或临近区块油藏的相关老井作为参考对象，进行类比，合理估计预测新井产能。类比法的优点是评价速度快，缺点是对老井样本选取要求高，不确定性大，预测误差大。公式法是指通过数学理论模型对不同油藏类型的新井产能进行计算分析。公式法的优点是能较好地考虑各类油藏边界条件对新井产能的影响，考虑的产能影响因素较多，计算速度快，缺点是相关理论公式多数是依赖在诸多理想假设条件下，部分参数获取困难，不能较真实地反映实际，从而导致计算结果误差较大，具有局限性。数值模拟产能预测是在油藏三维地质模型的基础上，综合考虑了油藏边界条件、储层物性、井间干扰、流体运移分布等诸多复杂因素，对新钻井开发生产指标进行预测的一种方法，优点是综合考虑了动静态因素，结合地下油水分布特征规律和地层能量大小，对新井产能做出合理的预测，具有较高的可信度，缺点是需要开展三维地质建模，成本高、耗时长。

厄瓜多尔14和17区块滚动勘探开发运行速度快，来不及开展油藏三维地质建模和数值模拟研究，为满足现场高效生产需求，基于人工神经网络技术研发了适用于不同类型油藏的新井产能快速预测方法。

1. BP（Back Propagation）人工神经网络技术

BP人工神经网络的网络结构由三部分组成，分别是输入层、中间层（隐含层）和输出层。每个结构层均分布有若干个神经元节点，上一层神经元节点与下一层神经元节点之间通过权相互连接。当某一个特定的学习模式输入该BP网络以后，借助相关的激活函数，分布在网络各个组成部位的神经元节点的激活值按照从输入层开始出发再到中间层，最后到达输出层的次序进行传播。根据不断减小网络输出结果与实际期望输出结果之间误差的基本思想，按照与激活值传播方向相反的次序，先从网络的输出层再到中间层最后到达输入层，修正相邻两层之间的各神经元节点间的权值和阈值[46-48]。

激活值正向传递过程如图4-50所示，m，l，n分别代表输入层、中间层、输出层上分布的神经元节点的个数。隐含层各神经元的激活值根据下式计算：

$$S_j^1 = \sum_{i=1}^{m} w_{ij}^1 x_i - \theta_{ij}^1, j=1,2,\cdots,l \tag{4-47}$$

式中 W_{ij}^1——输入层第i个神经元节点与隐含层第j个神经元节点间的权值；

θ_{ij}^1——输入层第i个神经元节点与隐含层第j个神经元节点间的阈值。

通常选取以下函数作为网络的激活函数：

$$f(u) = \frac{1}{1+e^{-u}} \tag{4-48}$$

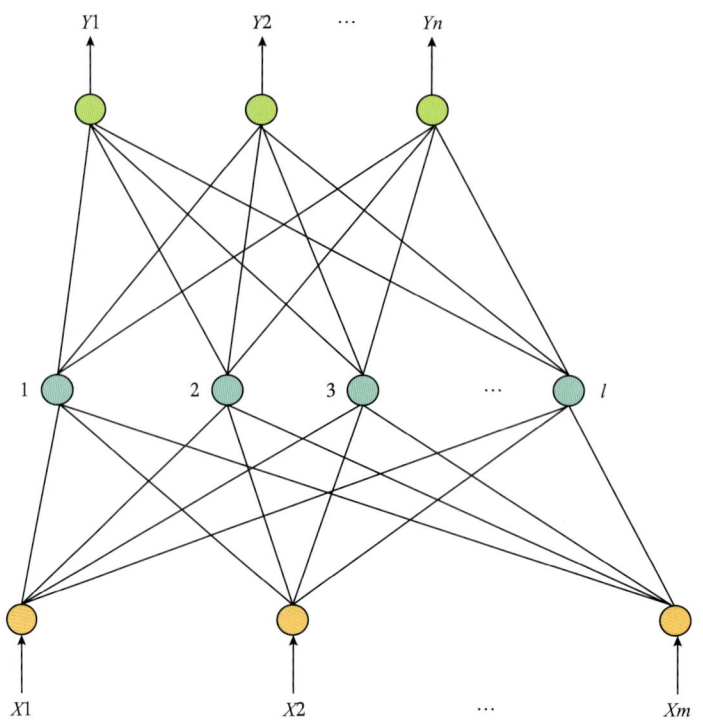

图 4-50 BP 网络结构示意图

把激活值代入上面的激活函数则可以得到隐含层第 j 个节点的输出值：

$$h_j = f\left(S_j^1\right) = f\left(\sum_{i=1}^m w_{ij}^1 x_i - \theta_{ij}^1\right), j = 1, 2, \cdots, l \tag{4-49}$$

同理，可求得输出层第 k 节点的激活值 S_k^2 和输出值 y_k：

$$S_k^2 = \sum_{j=1}^l w_{jk}^2 h_j - \theta_k^2, k = 1, 2, \cdots, n \tag{4-50}$$

$$y_k = f\left(S_k^2\right), k = 1, 2, \cdots, n \tag{4-51}$$

式中　w_{jk}^2——隐含层与输出层神经元间的连接权；
　　　θ_k^2——输出层神经元节点的阈值。

网络输出层的误差为：

$$d_k^2 = (t_k - y_k) f'\left(s_k^2\right), \ k = 1, 2, \cdots, n \tag{4-52}$$

隐含层的校正误差为：

$$d_j^1 = \left(\sum_{k=1}^n w_{jk}^2 d_k^2\right) f'\left(S_j^1\right), j = 1, 2, \cdots, l \tag{4-53}$$

对于输出层至隐含层连接权和输出层阈值校正量分别为：

$$\Delta w_{jk}^2 = \eta \cdot d_k^2 \cdot h_j \tag{4-54}$$

$$\Delta \theta_k^2 = \eta \cdot d_k^1 \tag{4-55}$$

隐含层至输入层连接权和隐含层阈值校正量为：

$$\Delta w_{ij}^1 = \eta \cdot d_j^1 \cdot h_i \tag{4-56}$$

$$\Delta \theta_j^1 = \eta \cdot d_j^2 \tag{4-57}$$

式中 f'——网络激活函数的导函数；

η——网络学习率（$0 < \eta < 1$）。

对于 Q 组网络输入模 $X^1, \cdots, X^p, \cdots, X^Q [X^p = (x_1^p, \cdots, x_j^p, \cdots, x_m^p)]$，其对应希望输出值为 $T^1, \cdots, T^p, \cdots, T^Q [T^p = (t_1^p, \cdots, t_j^p, \cdots, t_m^p)]$，通过网络对应输出端的实际输出值为 $Y^1, \cdots, Y^p, \cdots, Y^Q [Y^p = (y_1^p, \cdots, y_j^p, \cdots, y_m^p)]$，则网络全局误差为：

$$E = \sum_{p=1}^{Q} E^p = \sum_{p=1}^{Q} \sum_{k=1}^{n} \frac{1}{2} (t_k^p - y_k^p)^2 \tag{4-58}$$

当 E 小于给定精度 ε 时，即 $E < \varepsilon$，网络近似收敛到最优值。

2. 基于人工智能的新井产能预测模型的建立

（1）输入层节点。以厄瓜多尔14区块 K 油田为例，输入层节点设置见表4-3。

（2）BP 神经网络模型输出层节点构造。输出层节点有两个：样本井产油量、样本井产液量。

（3）BP 神经网络模型中间层（隐层）节点构造。中间层的节点数与输入层/输出层节点数的经验公式[49]：

$$s = \sqrt{0.43mn + 0.12n^2 + 2.54m + 0.77n + 0.35} + 0.51 \tag{4-59}$$

式中 s——隐层节点数（四舍五入取整）。

表4-3 BP 神经网络输入层节点设置表

因素编号	因素	因素编号	因素
1	渗透率	7	射孔段
2	孔隙度	8	井眼半径
3	初始含水饱和度	9	完井方式
4	生产压差	10	油嘴尺寸
5	砂体厚度	11	原油 API
6	泄油半径	12	原油体积系数

多个实例验证，利用式（4-59）确定隐层节点数的初值比较可靠，能满足训练需要。稍微减少节点数，可增加网络的泛化能力，提高收敛速度。

3. 应用实例

选择 Kupi 油田已投产的 5 口水平井作为样本井（表 4-4），运用本书中建立的神经网络模型，在经过 76 次循环迭代后，全局误差满足模型预测精度要求（小于 0.03）。

表 4-4 样本井参数表

井号	渗透率（mD）	孔隙度（%）	初始含水饱和度（%）	有效厚度（ft）	原油 API（°）	日产油（bbl）	日产液（bbl）
KP4	1456.2	15.6	23.2	10.9	19.9	495.6	1138.8
KP8	875.5	16.9	25.8	11.4	20.6	314.4	373.7
KP11	3037.9	17.7	32.2	14.4	19.7	959.1	1412.2
KP12	1536.3	17.5	22.8	6.9	20	788.1	940.1
KP16	1057.6	17.5	18.9	6.7	21.1	262.7	296.3

KP17、KP18 为两口预测井，将两口井的相关参数（表 4-5）输入模型，即可进行各自产油量、产液量预测。从表 4-6 中可以看出，该神经网络人工智能系统具有很好的稳定性，预测精度高，预测值与实际值相对误差都在工程要求范围（<±15%）之内。

表 4-5 预测井参数表

井号	渗透率（mD）	孔隙度（%）	初始含水饱和度（%）	砂体厚度（m）	原油 API（°）
KP17	112.7	12.5	51.3	4.5	20.6
KP18	2077.9	18.6	22.6	18.2	20.9

表 4-6 预测井产能预测值

井号	预测日产油（bbl）	实际日产油（bbl）	相对误差（%）	预测日产液（bbl）	实际日产液（bbl）	相对误差（%）
KP17	297.6	262.3	13.5	363.3	323.4	12.3
KP18	814.9	886.9	8.1	1076.1	946.8	13.7

三、热带雨林隐蔽油藏滚动勘探开发策略

由于海外油气项目受合同模式、资源性质、投资环境和勘探开发时效性等因素制约，追求合同期内产量和效益最大化为目标，因此遵照以下原则[50-52]：一是优先动用优质资源，快速回收成本，对低品位资源采取暂时搁置；二是勘探开发一体化评价，确保合同期内储产量有效且高效接替；三是规模建产、快速上产和高速开采形成规模效益；四是动态调整、实时优化，确定合理产量剖面和开发工作量，实现工作量与成本油之间的最佳匹

配,达到收益最大化。

针对厄瓜多尔14和17区块热带雨林地表(图4-51a),按照"整体部署、分批实施、跟踪评价、及时调整"的策略,必须快速开展油藏目标滚动评价、开发方案编制和新井井位优化部署,实现探井和开发井钻探无缝衔接,同步测试和投产,形成滚评建一体化高效滚动开发策略。勘探开发井场平台许可申请和建设早期,依据钻井平台控制区资源规模,编制"1口探井、1口评井和多口开发井"整体开发方案(图4-51b),形成直井、大斜度井、水平井协同开发模式(图4-51c),以直井或定向井钻探确定砂体厚度和含油高度、油水边界和油藏物性参数等,部署大斜度井和水平井同步建产。通过"沿构造脊找低幅度构造""沿走向、探微相、找砂体""稀井高采"的策略,同时开展低电阻率油层、低幅度构造识别和超薄储层预测等技术创新和实践,实现新区和老区高效滚动开发。实施过程中,保证钻前充分论证、钻进实时跟踪、钻后及时评价和补救措施方案,确保新井投产成功率100%,从而实现储量快速转化为产量和规模效益,保持现金流为正,保障公司生产运营。

(a)区热带雨林地表井场

(b)多slot井口的井场平台

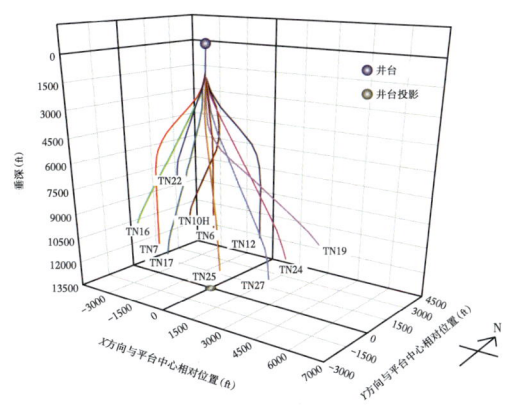

(c)平台式钻井三维绕障设计

(d)推移滑轨式钻井设备及采油树

图4-51 厄瓜多尔14和17区块热带雨林地表滚动勘探开发配套工程技术

由于热带雨林地表作业环境面临诸多挑战,采用丛式井场开采模式和短流程集输工艺,地面设施采用集成化、撬装化、模块化成套技术(图4-51d)。试油及生产早期,通过采用临时管线及处理设施实现产出液及时外输,确保油田快速建产。在远离中心处理站的井场实施短流程采注工艺，油井产出液经初步处理后，处理水直接现场回注，形成完善的独立注采系统。充分发挥信息化优势加强实时监测管理，通过油田生产监控系统、运行控制系统和生产作业数据管理系统，确保油田生产全过程数字化和智能化，提升了油藏管理和开发水平。

通过滚动勘探开发，厄瓜多尔14和17区块探井和评价井成功率大于90%，开发井成功率100%，连续10余年储量替代率大于100%。探明石油地质储量从$2800×10^4$t增加到$1.2×10^8$t，是收购时的4.3倍；石油经济可采储量从$943×10^4$t增加到$3126×10^4$t，是收购时的3.3倍。原油产量连续16年保持$50×10^4$t以上，新井累计贡献产量$608×10^4$t。

参 考 文 献

[1] 阳孝法，谢寅符，张志伟，等.南美Oriente盆地北部海绿石砂 岩油藏特征及成藏规律[J].地质科学，2016，51（1）：189-203.

[2] 陈淑慧，李云，胡作维，等.海绿石的成因、指相作用及其年龄意义[J].岩石矿物学杂志，2014，33（5）：971-979.

[3] 苏双青，传秀云，马鸿文，等.海绿石的矿物学特征及应用研究[J].化工矿物与加工，2016，45（2）：30-35.

[4] 杨锐祥，王向公，白松涛，等.Oriente盆地海相低电阻率油层 成因机理及测井评价方法[J].岩性油气藏，2017，29（6）：86-90.

[5] 林士尧，张超前，万学鹏，等.奥连特盆地M油田海绿石砂岩低电阻率油层识别方法[J].油气井测试，2016，28（4）：38-44.

[6] 雍世和，张超漠.测井数据处理与综合解释[M].东营：石油大学出版社，1996.

[7] Clavier C，Coates G，Dumanoir J.The theoretical and experimental bases for the "Dual water" model for interpretation of shaly sands [J]. Society of Petroleum Engineers Journal, 1984, 24（2）: 153-169.

[8] 敬兵，潘文庆，邓兴梁，等.三维地震叠后数据体拼接方法及 装置：CN201410594012. 1[P]. 2018-01-02.

[9] 龚洪林，张虎权，姚清洲，等.不同三维地震数据体的拼接方 法及其装置：CN201510459489. 3[P]. 2015-11-25.

[10] 葛永慧，康志军.加权移动趋势面拟合[J].工程图学学报，2008，29（2）：110-115.

[11] 管仁荣.趋势面分析在地球物理勘探中的应用研究[J].中国矿业，2012，21（S1）：474-478.

[12] 管文胜，段文胜，查明，等.利用基于模型的层析速度反演进行低幅度构造成像[J].石油地球物理勘探，2017，52（1）：16，87-93.

[13] 高树生，张高，刘文霞，等.高精度处理技术在辽河油田曙一区的应用[J].石油地球物理勘探，2017，52（S1）：6，41-46，54.

[14] 徐海，孙建芳，李发有.三维拼接地震低幅构造闭合差校正方法[C]//中国石油学会石油物探专业委员会，中国地球物理学会勘探地球物理委员会.2022年中国石油物探学术年会论文集（上册），2022，506-509.

[15] 王鹏，王小卫，雍运动，等.马头营地区低幅度构造速度建模方法[J].石油地球物理勘探，2020，55（4）：700-701，766-773.

[16] 张在金，陈可洋，范兴才，等.井控与构造约束条件下的网格层析速度建模技术及应用[J].石油物探，2020，59（2）：208-217.

[17] 韩强，杨子川，赵渊.塔里木盆地轮台地区低幅度构造圈闭落实技术及其应用[J].石油与天然气地

质，2010，31（1）：43-48.
- [18] 白晓寅，黄玉，陈永波，等.低幅度构造—岩性油气藏识别技术[J].石油地球物理勘探，2012，47（2）：184，291-297.
- [19] 李香雪.低幅度复杂断层三维地震构造精细解释[J].能源与环保，2017，39（5）：91-95.
- [20] 王晓平，陈达贤，梅庆华，等.分层剖析变速成图方法[J].石油地球物理勘探，2012，47（S1）：26-29，39，162，164.
- [21] 李达，李茂，陶倩倩，等.提高南海西部文昌X油田低幅构造成图精度的举措[J].地质科技情报，2017，36（3）：64-70.
- [22] 王光付，徐海，李发有，等.超薄砂岩储层预测方法研究与应用：以厄瓜多尔14和17区块为例[J].石油与天然气地质，2023，44（2）：247-263.
- [23] 徐海，王光付，孙建芳，等.基于尺度—频率的小波微幅构造识别方法与应用：以南美厄瓜多尔X区块为例[J].油气地质与采收率，2023，30（4）：98-105.
- [24] Chakraborty A，Okaya D. Frequency-time decomposition of seismic data using wavelet-based methods[J]. Geophysics，1995，60（6）：1906-1916.
- [25] Rodriguez I V，Bona D. Microseismic record de-noising using a sparse time-frequency transform[J]. SEG Technical Program Expanded Abstracts，2011：1693-1698.
- [26] 崔少华，方振国，王江涛，等.基于小波变换的地震数据去噪的研究[J].曲阜师范大学学报（自然科学版），2018，44（3）：54-58.
- [27] Stockwell R G，Mansinha L，Lowe R P. Localization of the complex spectrum：the S-transform[J]. IEEE Transactions on Signal Processing，1996，44（4）：998-1000.
- [28] Sabadell F. Spectral localization of seismic data with a phase corrected wavelet transform[J]. SEG Expanded Abstarcts，2001，20：595.
- [29] 高静怀，陈文超，李幼铭，等.广义S变换与薄互层地震响应分析[J].地球物理学报，2003，46（4）：526-532.
- [30] 黄捍东，冯娜，王彦超，等.广义S变换地震高分辨率处理方法研究[J].石油地球物理勘探，2014，49（1）：82-88.
- [31] Puryear C I，Castagna J P. Layer-thickness determination and stratigraphic lnterpretation using spectral nversion：theory and applicaton[J]. Geophysics，2008，73（2）：37-48.
- [32] 杜斌山，贺振华，曹正林，等.地震地质多信息融合的井手标定方法研究[J].天然气地球科学，2009，20（2）：254-257.
- [33] Al-Dossary S，Wang J. An improved Markov chain Monte Carlo approach for wavelet extraction[M]//SEG Technical Program Expanded Abstracts 2016. Society of Exploration Geophysicists，2016：5187-5191.
- [34] 迟唤昭，刘财，单玄龙，等.谱反演方法在致密薄层砂体预测中的应用研究[J].石油物探，2015，54（3）：337-344，366.
- [35] 云美厚，赵秋芳，李晓斌.地震分辨率思考与高分辨率勘探对策[J].石油地球物理勘探，2022，57（5）：1250-1262.
- [36] 郭爱华，路鹏飞，余波，等.利用Shearlet变换提高叠后地震资料分辨率[J].石油地球物理勘探，2021，56（5）：992-1000.
- [37] 张杰，陈学华，蒋伟.深度域地震子波提取方法综述[J].石油物探，2021，60（3）：353-365.
- [38] 江雨濛，曹思远，陈思远，等.基于二阶自适应同步挤压S变换的时变子波提取方法[J].石油物探，2021，60（5）：721-731.
- [39] 王振国，陈小宏，王克斌，等.多参数优化的模拟退火法波阻抗反演[J].石油物探，2007，46（2）：120-125.

[40] 贾承造，赵文智，邹才能，等.岩性地层油气藏勘探研究的两项核心技术［J］.石油勘探与开发，2004，31（3）：3-9.

[41] 高君，毕建军，赵海山，等.地震波形指示反演薄储层预测技术及其应用［J］.地球物理学进展，2017，32（1）：142-145.

[42] 杨文采.地震道的非线性混沌反演：Ⅰ.理论和数值试验［J］.地球物理学报，1993，36（2）：222-232.

[43] 黄捍东，罗群，付艳，等.地震相控非线性随机反演研究与应用［J］.石油地球物理勘探，2007，42（6）：694-698.

[44] 刘卓，田昌炳，张为民，等.油藏"水动力"压力特征成因：以伊拉克鲁迈拉油田祖拜尔组第四油藏为例［J］.石油勘探与开发，2013，40（6）：722-727.

[45] 王素芬.倾斜油水界面油藏形成机理及其储量评价研究：以苏丹福北油田Bentiu组油藏为例［D］.成都：西南石油大学，2017：69-90.

[46] 周玉辉，龚杰，盛广龙，等.基于人工神经网络的页岩油藏产量预测定量表征模型［J］.大庆石油地质与开发，2023，42（5）：147-152.

[47] 叶双江，姜汉桥，陈民锋.基于灰色关联与神经网络技术的水平井产能预测［J］.大庆石油学院学报，2009，33（3）：53-55.

[48] 刘占良，石万里，孙振，等.人工神经网络在气井管理及动态预测中的应用［J］.天然气工业，2014，34（11）：62-65.

[49] 孙佰清，潘启树，冯英浚，等.提高BP网络训练速度的研究［J］.哈尔滨工业大学学报，2001，33（4）：439-441.

[50] 穆龙新，范子菲，许安著.海外油气田开发特点、模式与对策［J］.石油勘探与开发，2018，45（4）：690-697.

[51] 穆龙新，范子菲，王瑞峰，等.海外油田开发方案设计策略与方法［M］.北京：石油工业出版社，2021.

[52] 窦立荣，袁圣强，刘小兵.中国油公司海外油气勘探进展和发展对策［J］.中国石油勘探，2022，27（2）：1-10.

第五章　隐蔽油藏滚动勘探开发实践

奥连特盆地已发现的大型油田主要为构造油藏，集中分布于近南北走向的断裂和背斜相关的构造带，而盆地中部前渊带主要发育中小型类型多样的隐蔽油藏。厄瓜多尔14和17区块位于该盆地中部的前渊带，伴随地质综合研究的深入，以及勘探开发实践经验和教训的总结，发现盆地中部前渊带油气分布沿着低级序构造脊富集的规律，潮汐水道砂体的分布和局部低幅度构造高部位叠合与高产井分布密切相关。随着低幅度构造成图技术、超薄层宽频地震预测技术、富含海绿石石英砂岩测井评价技术及水动力成藏识别方法的突破，在厄瓜多尔14和17区块发现了低幅度构造、水动力、低电阻率油层和超薄层岩性等类型隐蔽油藏，并采取滚动勘探开发技术策略，实现了热带雨林地下隐蔽油藏的经济有效开发。

第一节　低幅度构造—超薄层岩性油藏滚动勘探开发

Kupi油田位于厄瓜多尔14区块，属于典型的低幅度构造—超薄层岩性油藏，M1段是该油田主力产油层，油藏受低幅度背斜构造（或单斜高部位）和潮汐水道双重因素控制，构造幅度小于10m，潮汐水道沉积的砂岩厚度仅2~5m。该油田勘探开发经历了早期勘探的成功发现，至随后的滚动勘探和评价失利，导致勘探开发工作停滞不前；伴随着地质认识、低幅度构造识别方法和超薄层地震预测技术的突破，明确了M1低幅度构造—超薄层砂岩隐蔽油藏分布规律，并相继成功部署了一批评价井和开发井，最终实现了该油田规模有效滚动勘探开发。

（1）早期勘探发现：KP01井钻探成功。

Kupi油田位于厄瓜多尔14区块西部的构造斜坡带，东临已开发的Wanke油田西侧，1994年Elf公司在Kupi地区部署第一口探井KP01井（图5-1），在M1段钻遇14ft（4.26m）砂岩，测井解释油层有效厚度8.5ft（2.6m）（图5-2），测试获高产油流，初期日产油2186bbl，从而发现了Kupi油田。分析KP01井近20年的开发历程，可划分为3个开发阶段（图5-3）。阶段一：1994—2004年，日产油量基本在500bbl以上，但含水率缓慢上升到50%；阶段二：2004—2018年，日产油量长期稳产在400~500bbl，含水率相对稳定在50%~60%；阶段三：2018年至今，为了控制该井含水率快速上升，采用控制液量生产方式，日产油保持在220bbl左右，截至2021年已累计产油66×10^{4}t。

KP01井生产特征表明，M1段油藏能量较充足，边水活跃，砂岩和油层厚度薄，但储层物性好，产量高，累计采油量大，说明该油藏具有规模的含油范围。但是1994年作业者在KP01井周边1.5km范围内，针对M1段目的层相继完钻的KP02井未钻遇砂体、KP03井钻遇1m砂岩干层，当时评价认为KP01井M1段砂体含油范围有限，不具备规模开发的潜力，导致该区 M1 段油藏勘探开发工作长期停滞不前。

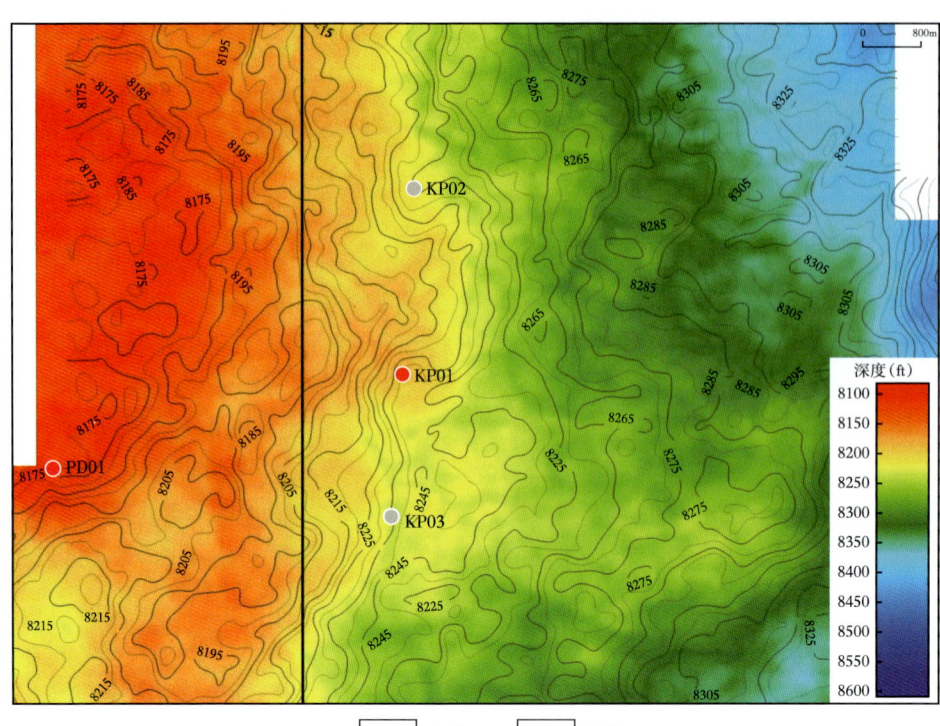

图 5-1　Kupi 地区构造井位图

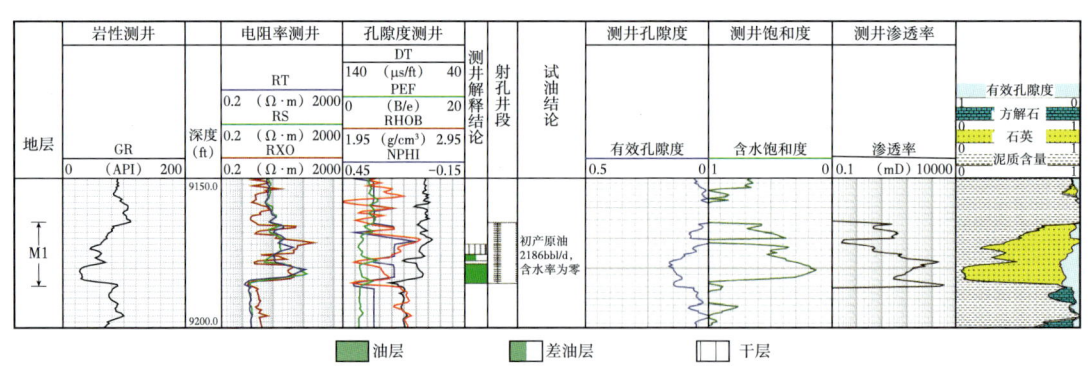

图 5-2　Kupi 地区 KP01 井测井解释成果图

（2）外围滚动勘探评价：ALIPAMBA-01 井和 KP05 井勘探失利。

尽管 KP02 井和 KP03 井勘探失利，但 KP01 井始终保持良好的生产状况，说明该地区有一定的资源潜力。通过区域构造、沉积和成藏特征研究，发现 KP01 井钻遇的 M1 段油藏受潮汐水道砂体和低幅度单斜构造双重因素控制。类比距离 KP01 井东侧 7km 的 Wanke 油田，研究发现其主力产油层 M1 段也发育潮汐水道砂体，厚度 10m 左右，油藏表现为低幅度背斜构造特征。因此，确定该区下一步勘探目标为低幅度构造高部位和潮汐水道砂体的叠置位置区。

第五章 隐蔽油藏滚动勘探开发实践

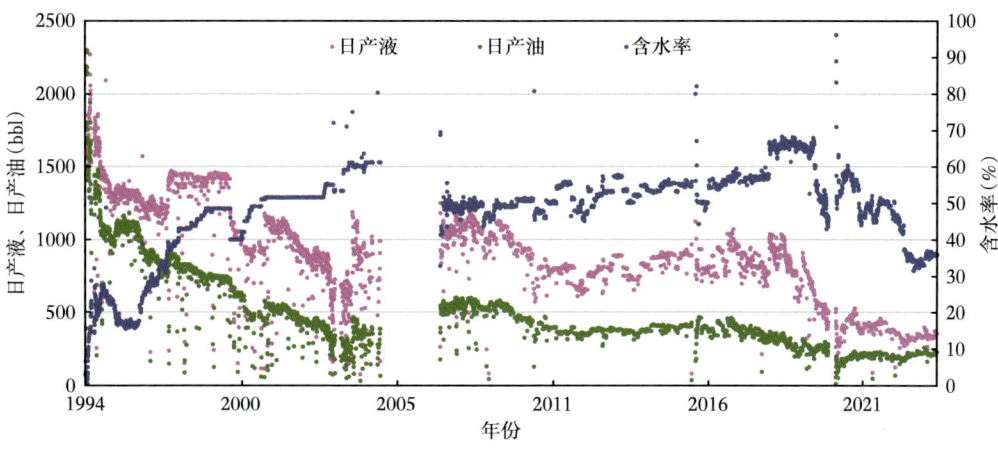

图 5-3 Kupi 地区 KP01 井生产曲线图

地震属性研究发现，KP01 井和 Wanke 油田位置 M1 段的振幅属性较强（黄色至红色）（图 5-4），两者之间存在长 10km、宽约 2.5km 的北东—南西走向的弱振幅带（浅蓝色—绿

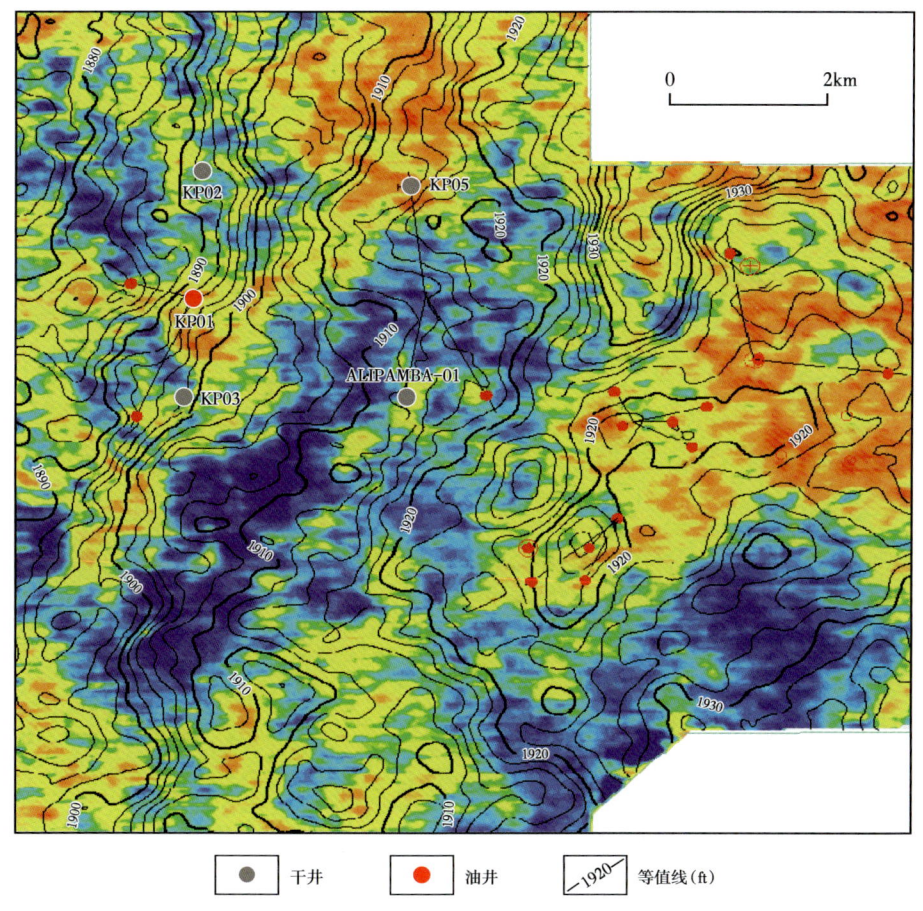

图 5-4 Kupi 地区 KP01 井和 Wanke 油田周边 M1 砂岩地震振幅属性图

115

色），区域类比地震弱振幅带的沉积环境是潮坪沉积的泥岩条带，其连续分布对两侧砂岩油藏起遮挡作用。此外，还发现 Wanke 油田西侧为低幅度背斜构造，KP01 井东北侧为低幅度单斜构造，地震振幅属性均较强，显示砂岩较发育，据此先后部署了 ALIPAMBA-01 井和 KP05 井，但是钻探结果不理想，ALIPAMBA-01 井 M1 段钻遇小于 1m 的薄油层，KP05 井 M1 段砂体尖灭且侧钻后钻遇 3m 的水砂。阶段勘探失利表明，仅利用地震振幅属性难以准确判断 M1 薄层砂岩，尤其是预测该区 3000m 埋深且砂岩厚度只有 2~5m 的储层。

（3）低幅度构造—超薄层岩性油藏滚动勘探：KP04 井勘探成功。

ALIPAMBA-01 井和 KP05 井勘探失利，说明采用 M1 段地震强振幅变化趋势来预测砂体分布规律和发育程度，具有极大的不确定性和多解性。因此，低幅度构造识别和超薄层预测等勘探关键技术仍有待攻关突破。基于趋势面驱动的叠后地震数据连片一致性处理、时—频衰减高精度合成记录标定和解释，以及各向异性变速成图（详见第四章第二节），在 KP01 井和 Wanke 油田周边发现了一批低幅度构造油藏（图 5-5）。采用分频迭代去噪拾取薄层弱反射系数，恢复叠后宽频有效信号的地震数据体，采用相控波形非线性反演，定量预测了埋深 3000m 的 2~5m 厚潮汐水道砂岩分布（图 5-5）。综合分析 M1 段砂体和顶面微构造图，对构造—岩性圈闭进行优选排队，部署 KP04 井作为勘探突破井（图 5-5），其宽频反演地震剖面砂体反射特征明显且较为连续（图 5-6），完钻后在 M1 段发现了 10.9ft（3.3m）油层，2018 年 3 月 21 日投产，日产液 1060bbl，日产油 721bbl，含水率 32%；目前日产液 1125bbl，日产油 285bbl，含水率 74.6%，已累计产油 93.6×10^{4}bbl（图 5-7）。

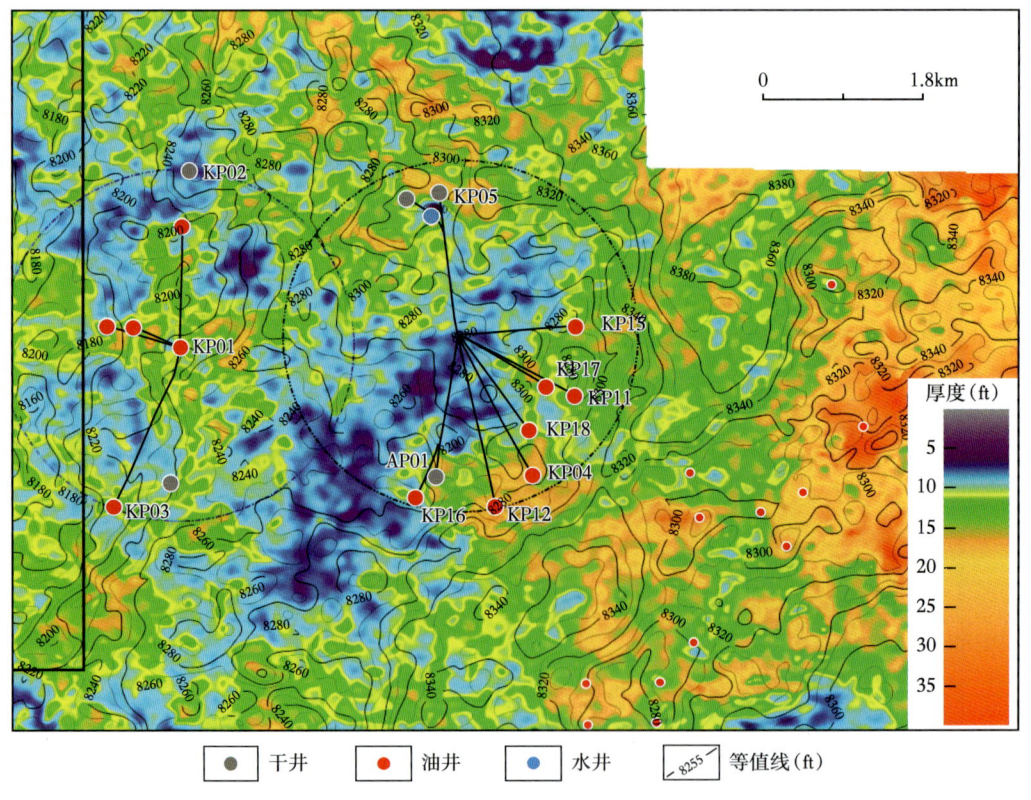

图 5-5　Kupi 和 Wanke 油田 M1 段波形干涉厚度叠加顶面构造井位图

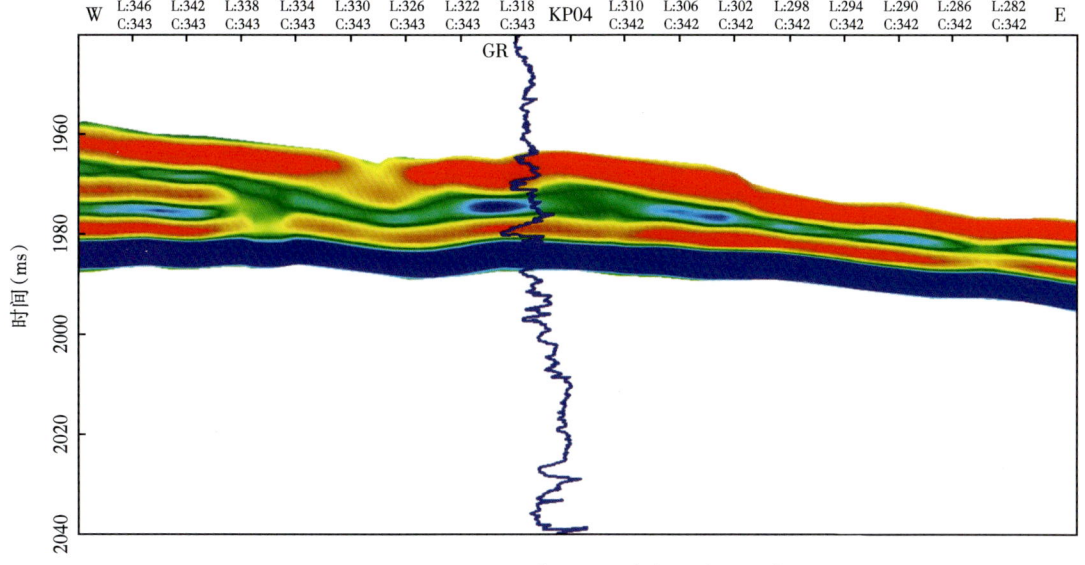

图 5-6 Kupi 地区 KP04 井 M1 段宽频反演地震剖面

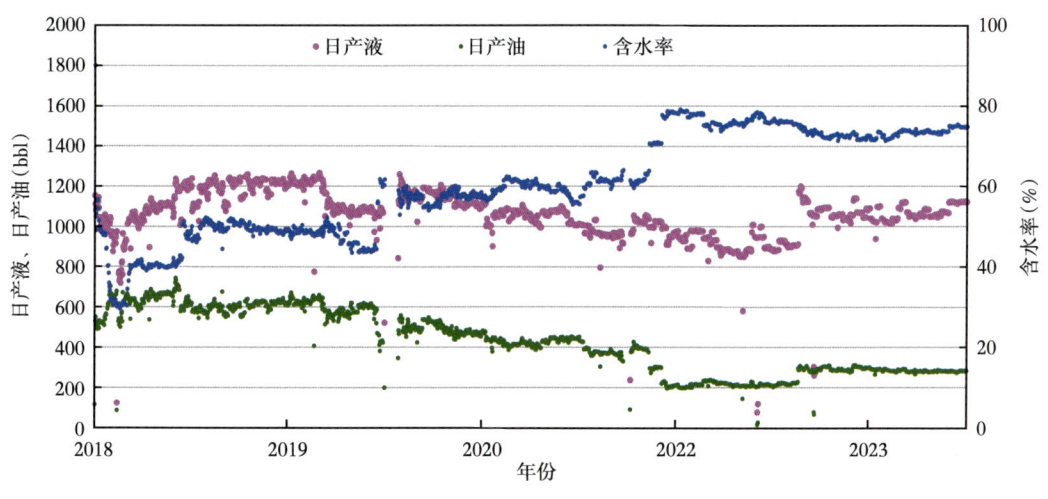

图 5-7 Kupi 油田 KP04 井生产曲线图

KP01 井和 KP04 井 M1 砂岩储层厚度 3m 左右，而初期日产油高达百吨以上，M1 超薄层砂岩油藏单井产量如此高的原因是什么？储层沉积特征和物性研究表明，M1 砂岩为潮汐水道和潮汐沙坝沉积成因，储层渗透性极好是油井高产的主要原因。

本区 6 口取心井分析，M1 砂岩岩性主要为石英砂岩，以中—细粒为主，分选中等，磨圆度为次棱角到次圆状，轻度泥质胶结，偶见钙质胶结。孔隙度为 2%~27%，平均 17.3%，其中孔隙度 18%~24% 的样品占总样品数的 52.7%（图 5-8a）；渗透率为 0.05~226380mD，平均 3504.9mD，其中渗透率 1000~10000mD 的样品占总样品数的 54.1%（图 5-8b）。因此，M1 砂岩为中孔—特高渗石英砂岩储层。

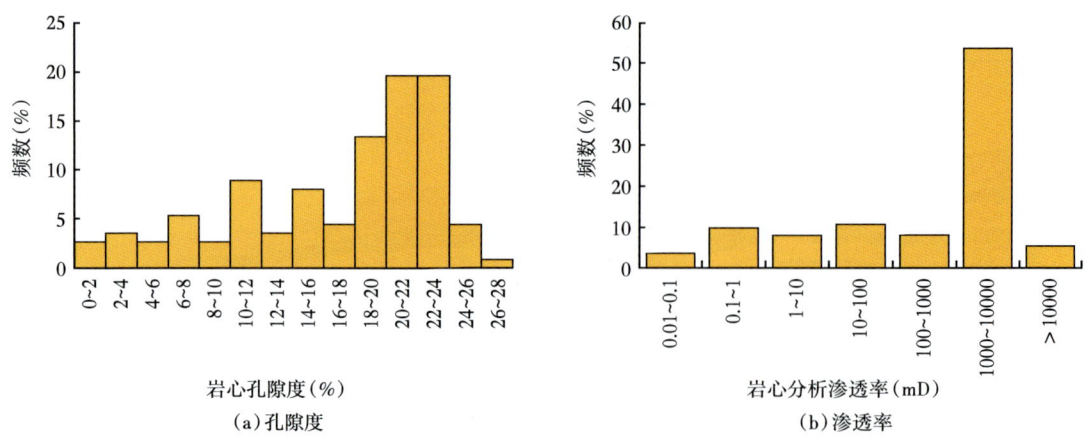

图 5-8　厄瓜多尔 14 和 17 区块 M1 段孔隙度和渗透率分布直方图

通过回归孔隙度与渗透率关系曲线发现，M1 砂岩孔隙度和渗透率关系曲线呈明显的两段式分布（图 5-9），以孔隙度 16% 为临界点，建立分段式储层渗透率计算模型。

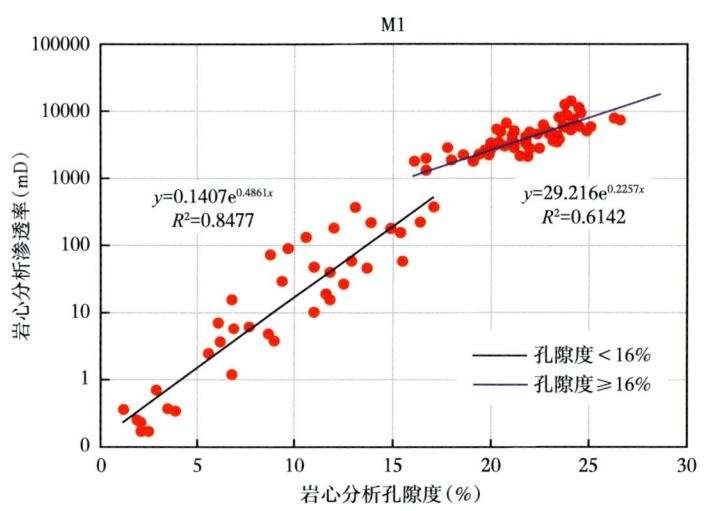

图 5-9　厄瓜多尔 14 和 17 区块 M1 段岩心分析孔隙度与岩心分析渗透率关系图

M1 段沉积微相研究发现，潮汐水道和潮汐沙坝沉积的厚度大于 2m 的砂岩，孔隙度一般大于 16%，石英砂岩成分成熟度高，分选中等，渗透性较好，渗透率一般为 1000~10000mD，从而解释了 M1 超薄层砂岩油藏高产的直接原因。

（4）Kupi 油田低幅度构造—超薄层岩性油藏滚动开发。

KP04 井勘探成功，进一步证实了地质油藏认识和储层预测技术的可靠性，发现 Kupi 油田 M1 段属于低幅度构造—薄层岩性油藏，潮汐沙坝沉积因差异压实形成低幅度背斜构造。后续依据精细刻画的低幅度构造和预测的 M1 波形干涉厚度图，对 ALIPAMBA-01 井进行侧钻的 AP01 井钻遇油层，采用热带雨林隐蔽油藏快速建产的策略，进一步围绕 KP01 井和 KP04 井的平台及周边部署开发井均获成功（图 5-5），其中 KP11 井和 KP18 井初期日产油均大于 1000bbl 且稳产 500bbl 左右。预测砂体精度高，砂体钻遇率 100%，预测新井钻遇砂岩厚度 2.7~5.4m，实际钻遇砂岩厚度 1.8~5.5m（表 5-1），突破了超薄储层预测的挑战。2018 年 Kupi 油田产量迈上新台阶，2020 年新建原油产能 10.8×10^{4}t（图 5-10），预测新增石油地质可采储量 100×10^{4}t。Kupi 油田实现了低幅度构造—超薄层岩性油藏的有效开发，不仅带动了厄瓜多尔 14 和 17 区块其他油田 M1 段的滚动开发，同时对奥连特盆地超薄层隐蔽油藏滚动勘探开发将发挥重要作用。

表 5-1　Kupi 油田新井 M1 砂岩预测与实钻对比表

井名	完钻时间	实钻厚度（m）	预测砂岩厚度（m）	砂岩厚度绝对误差（m）
KP01	1994-08-01	3.6	3.6	0.0
KP02	1996	0.0	0.0	0.0
KP03	1996	0.9	1.1	0.2
KP04	2018-03-21	4.1	3.6	−0.5
KP05	2018-03-29	0.4	0.0	−0.4
KP05RE1	2020-02	0.0	0.0	0.0
KP05RE2	2020-02	4.6	5.4	0.8
KP06	2019-12-13	1.8	2.7	0.9
KP07	2018-05-06	2.4	4.0	1.6
KP08	2018-04-25	3.8	4.1	0.3
KP09	2019-12-04	3.6	4.7	1.1
KP11	2019-10-29	4.6	3.7	−0.9
KP12	2019-10-20	3.7	4.3	0.6
KP15	2020-01	2.3	3.2	0.9
KP16RE	2020-01	2.0	2.7	0.7
KP18	2022-01	5.5	3.4	−2.1

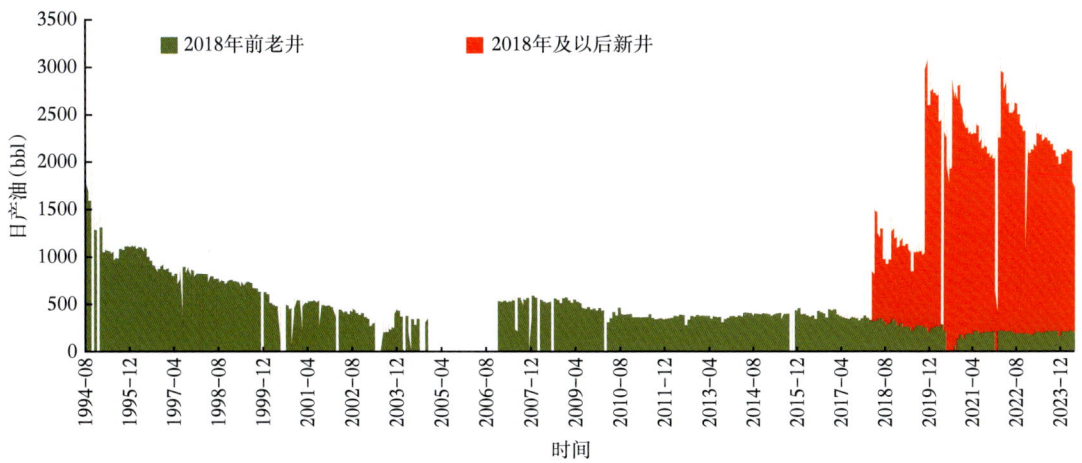

图 5-10　Kupi 油田产量构成图

第二节　多层系多种类型隐蔽油藏滚动勘探开发

TN 油田位于奥连特盆地中部前渊带 Auca 大型断背斜构造的南端，初期勘探构造圈闭失利，2012 年以多层系为勘探目标，在岩性—构造复合圈闭勘探获得成功。在该油田滚动开发实践中，不断深化多层系多类型隐蔽油藏特征认识，明确 M1 段和 LU 亚段沉积的潮汐水道石英砂岩，以及 UT 亚段中下部低含海绿石石英砂岩是优质储层，其中 M1 段为超薄层石英砂岩岩性油藏，LU 亚段为低幅度构造油藏及水动力成藏，UT 亚段海绿石石英砂岩油藏具有低电阻率油层特征。伴随地球物理技术攻关，建立了富含海绿石石英砂岩测井解释模型，突破了低幅度构造识别成图和超薄储层预测技术，实现了 TN 油田多层系隐蔽油藏高效滚动勘探开发。

（1）早期构造圈闭勘探：Tapir01 井勘探。

20 世纪 70 年代，在南北走向的 Auca 断背斜构造开展勘探工作，发现特大型 Auca 油田，其主力含油层为白垩系 Napo 组的 LU 和 LT 砂岩，以构造油藏为主[1]。随后位于 Auca 构造向南延伸的 Tapir 地区也成为勘探目标，加拿大 Encana 公司在 Tapir 地区构造最高位置部署钻探了 Tapir01 井（简称 T1 井）（图 5-11），以白垩系 Napo 组 LU 和 LT 亚段为钻探目标钻探失利，仅在 M1 段发现小于 1.5m 油层，其他层位均为水层，此后该区再无勘探工作量投入。

（2）精细勘探评价：TN01 井和 TN02 井勘探突破。

2006 年中资企业成为该区块作业者，通过深入解剖区域地质，研究认为 Tapir 地区位于 Auca 超大型油田背斜构造向东南延伸翼部，具备与 Auca 油田相似的油气富集和成藏条件，尽管 Tapir01 井勘探失利，但该区块依然具有油气资源发现潜力[2-3]。2010 年，基于重新采集的三维地震资料，开展层位精细追踪和构造解释等基础研究，2012 年在 Tapir 地区局部构造高部位部署并完钻 TN01 井（图 5-12），首次在 LU 和 LT 砂岩实现了油气商业发现，并命名为 Tapir-Norte（简称 TN）油田；随后向南外扩 1.2km 部署勘探评价井 TN02，发现了 LU 亚段油藏的油水界面，说明构造是控制油藏分布的主要因素。2013—2015 年，外扩滚动开发，发现 LU 和 LT 砂岩分布局部受潮汐水道控制，深化认识油藏类型为岩性—构造复合油藏。至 2013 年 TN 油田落实 LU 和 LT 亚段叠合含油面积 5.6km^2，提交探明石油地质储量 780×10^{4}t 和可采石油地质储量 220×10^{4}t。此外，还发现零星分布的 M1 段超薄层岩性油藏。

（3）外扩滚动评价：低幅度隐蔽构造油藏突破。

前期 TN01 井和 TN02 井探井部署实施后，发现该区地震体存在速度异常现象，但受限于当时资料情况，对速度异常的原因和分布规律认识不清楚。后续根据滚动开发井实施效果，编制了 LU 和 LT 砂岩顶面构造图，构造形态总体为东低西高的断背斜特征（图 5-13），同时发现构造高部位 LU 和 LT 亚段油藏油井产量较低，而低部位油井产量较高，油井产量局部受潮汐水道砂体发育规模控制。LU 和 LT 亚段油藏表现为岩性—构造复合油藏特征。2015 年，油田含油范围基本探明，无扩边潜力；至 2017 年 TN 油田未钻新井，主要开展老井换层措施作业，以及注水补充能量工作。

第五章 隐蔽油藏滚动勘探开发实践

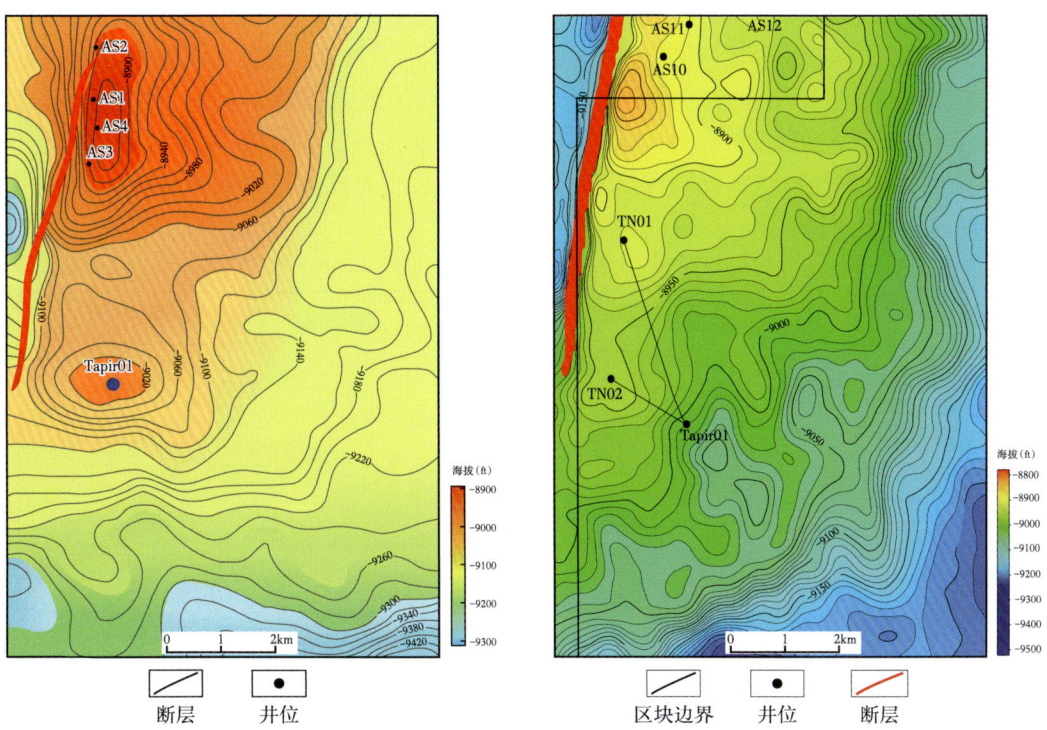

图 5-11 Tapir 地区 LU 亚段顶面构造图（1998 年） 图 5-12 Tapir 地区 LU 亚段顶面构造图（2012 年）

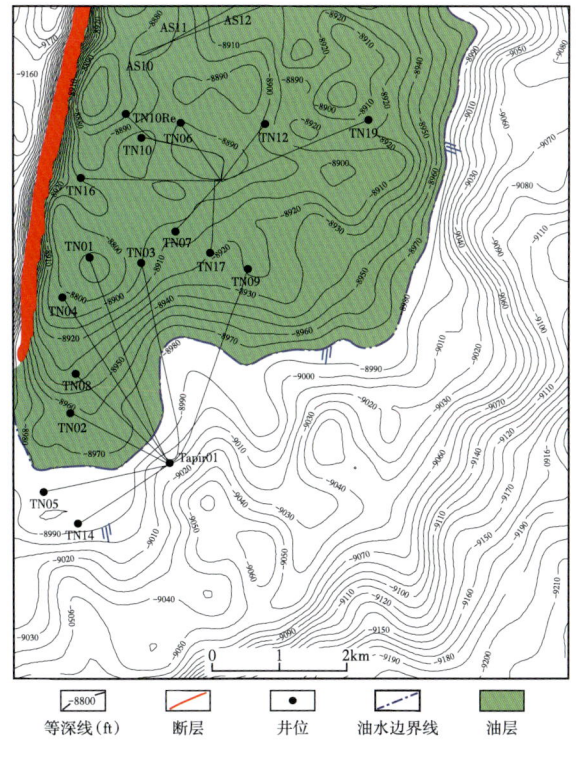

图 5-13 TN 油田 LU 亚段顶面构造图（2015 年）

2017年针对LU亚段多口生产井能量不足的问题，在TN油田东南部油水边界附近部署TN18注水井，但该井完钻后发现LU亚段构造抬升了40ft，更新LU砂岩顶面构造图，发现在背斜翼部出现孤立的构造高点，可能发育隐伏的低幅度背斜构造（图5-14），这类油水边界附近隐伏的低幅度背斜构造不仅增加了含油高度，同时扩大了含油边界。依据TN18井钻遇的LU砂岩油水界面深度和含油高度，含油边界计算线往东外扩800m，从而扩大了LU砂岩的含油面积。

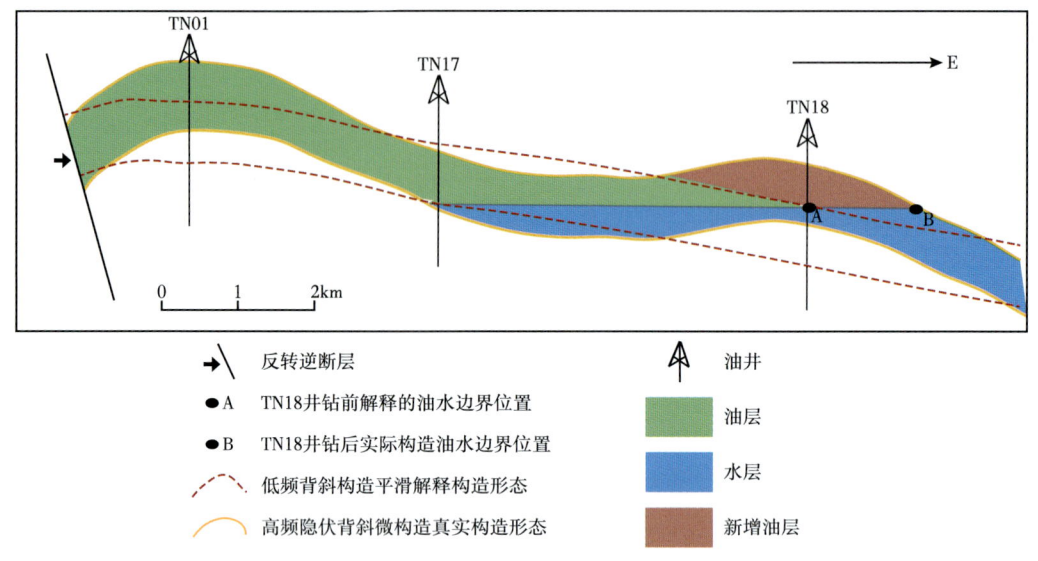

图5-14　TN油田隐伏的低幅度背斜构造模式

针对TN油田断背斜构造翼部可能存在隐伏的低幅度背斜构造[4-5]，但幅度小于10m的隐伏背斜微构造，对应时间地震剖面波形起伏一般小于4ms，受地震资料品质及解释精度限制，常规成图与分析方法可能采取平滑解释，难以有效突出低幅度构造特征。本书采用小波构造分解方法，将等深或等T_0构造数据进行等间距采样，建立尺度随频率变化的"尺度—频率"小波函数，通过该函数多尺度地分解低幅度构造起伏特征。利用阈值函数控制优选低频、中频、高频构造起伏等信息，根据相应小波系数对构造低频、中频、高频成分进行多尺度重组，提高相应高频成分对低幅度构造的识别权重，从而降低构造低频成分对微构造识别的遮蔽作用（详见第四章第二节）。通过上述方法，2018年以来落实TN油田多个隐伏的低幅度微背斜（图5-15），扩大了LU和LT亚段油藏的含油面积5km²，后期完钻的TN24井、TN25井、TN26井和TN27井，单井日产油600~1000bbl，新增探明地质储量$500×10^4$t。

此外，通过TN28井和TN30井扩边，也证实了TN油田LU亚段油藏为水动力油藏，自北向南其油水界面呈倾斜状态（图5-16），进一步增加了油田南部的外扩滚动勘探开发潜力。

（4）UT亚段低电阻率油层开发。

2015—2018年全球低油价期间，TN油田未钻新井，通过老井潜力复查，发现UT亚段有多口井岩屑录井显示含油，电阻率3~20Ω·m，且明显低于LU和LT亚段纯油层电阻

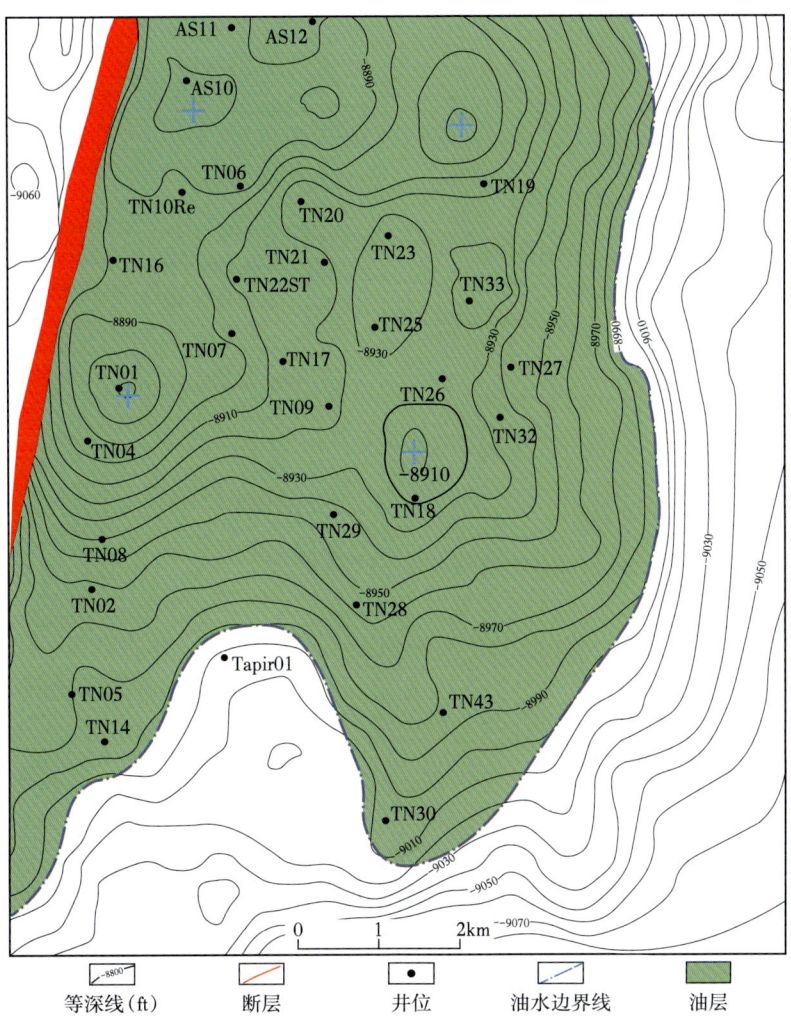

图 5-15 TN 油田 LU 亚段顶面构造图（2022 年）

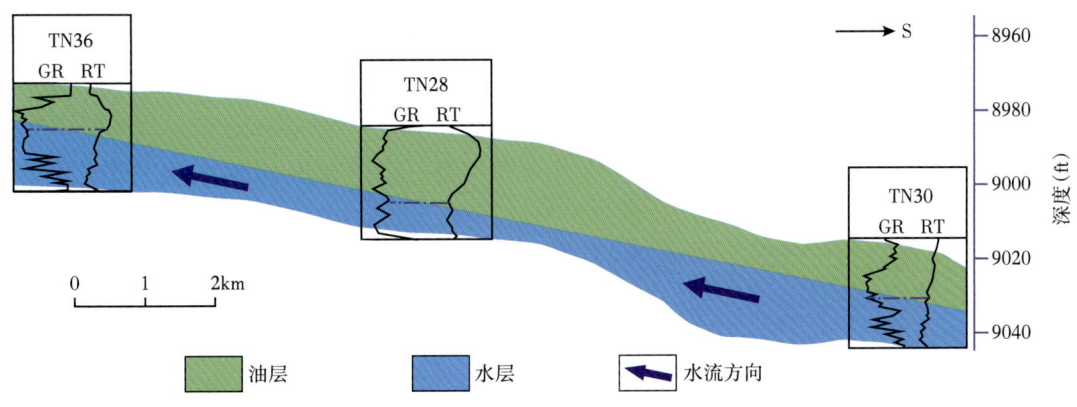

图 5-16 TN 油田南部 LU 亚段水动力油藏剖面图

率标准，筛选 3 口井对 UT 亚段进行先导测试，其中 TN17 井测试后为纯油层，初期日产油 500bbl 以上，几乎不含水，截至 2022 年累计产油 4×10^4t（图 5-17）。其他两口井测试和生产效果较差。

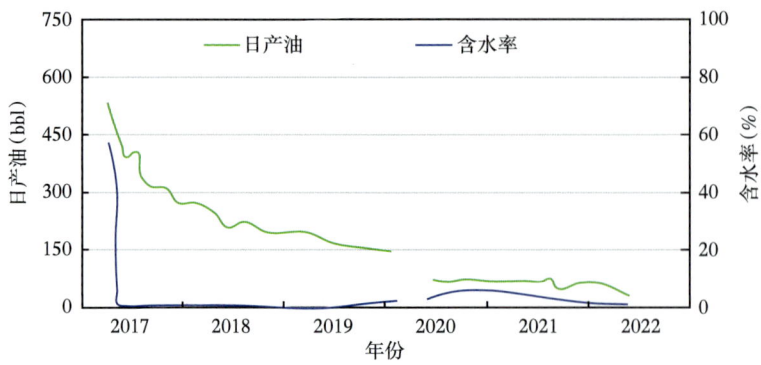

图 5-17　TN 油田 TN17 井 UT 亚段生产曲线

通过系统分析研究 UT 砂岩的录井和测井曲线特征，发现该层岩性为富含海绿石石英砂岩，总厚度 40~90ft，测井电性特征表现为相对低的孔隙度和电阻率，早期勘探开发过程中，利用常规石英砂岩测井解释模型通常识别为油水同层、差油层或干层，从而忽略了 UT 亚段海绿石石英砂岩油层。与 LT 亚段常规石英砂岩相比，UT 亚段海绿石石英砂岩的测井响应特征具有"四高一低"的特点，"四高"为高自然伽马、高密度、高中子孔隙度、高光电吸收截面指数，"一低"为低电阻率。通过岩心和试油数据，建立海绿石石英砂岩双组构体积模型，提高了储层的孔隙度解释精度，利用双水模型提高了含油饱和度（详见第四章第一节），基于新的测井解释模型开展全油田的老井复查工作，明确几口老井 UT 亚段测井解释升级为油水同层或油层，可作为换层目标或与其他层合层开采。

此外，研究发现海绿石石英砂岩中海绿石含量越高，储层的孔隙度、渗透率越低，尤其以渗透率表现更为突出，海绿石含量超过 40%，渗透率低于 1mD。统计 UT 亚砂岩油水分布关系，出现"下油上水或者油层夹在中间"的复杂现象[6-9]。UT 亚段油层特征为海绿石含量较低和孔隙度较高，而水层和干层中的海绿石含量较高、孔隙度较低。因此，在 UT 亚段滚动扩边中需要寻找优质砂岩分布区。UT 亚段砂岩划分为 3 个小层，其中底部小层的海绿石含量小于 5%，中部小层海绿石含量 5%~25%，顶部小层海绿石含量 25%~45%，油层主要集中在底部和中部小层，因此寻找 UT 亚段底部和中部小层的储层平面分布规律至关重要。通过 UT 亚段小层砂岩厚度和地震属性趋势（图 5-18）约束，刻画了南北两条物性较好的优质砂岩条带，依据物性下限标准绘制了 UT 亚段油层有效厚度图（图 5-19）。2018 年优选 Tapir01 井南部的条带部署 TN14 井，发现了 60ft 纯油层。随后部署的 8 口井均获成功，其中 TN26 井高产，日产油 600bbl。

（5）M1 潮汐水道薄层砂岩油藏滚动开发。

截至 2018 年末，TN 油田已完钻开发井 20 口，但 M1 段仅有 3 口井钻遇 5ft 的优质砂岩，测井解释为油层，其他井 M1 砂岩厚度薄或尖灭，初步认为 TN 油田 M1 砂岩不发育。因此，M1 油藏开发也没有取得实质性突破。

第五章 隐蔽油藏滚动勘探开发实践

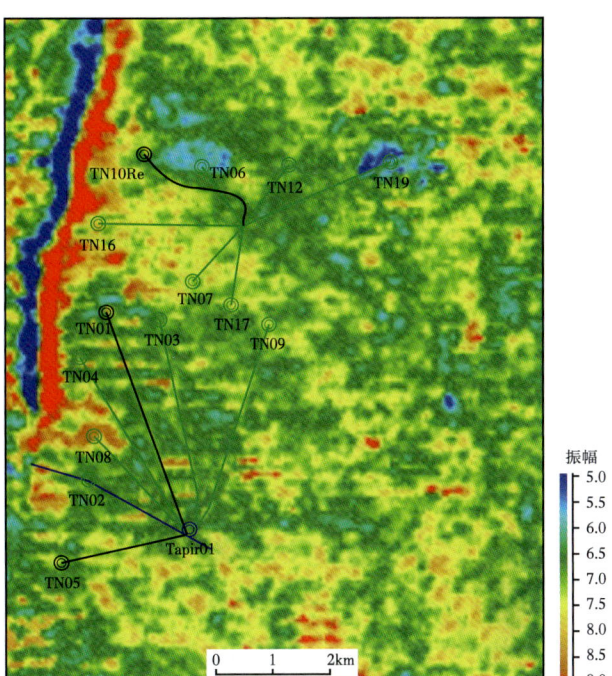

图 5-18 TN 油田 UT 亚段振幅属性图

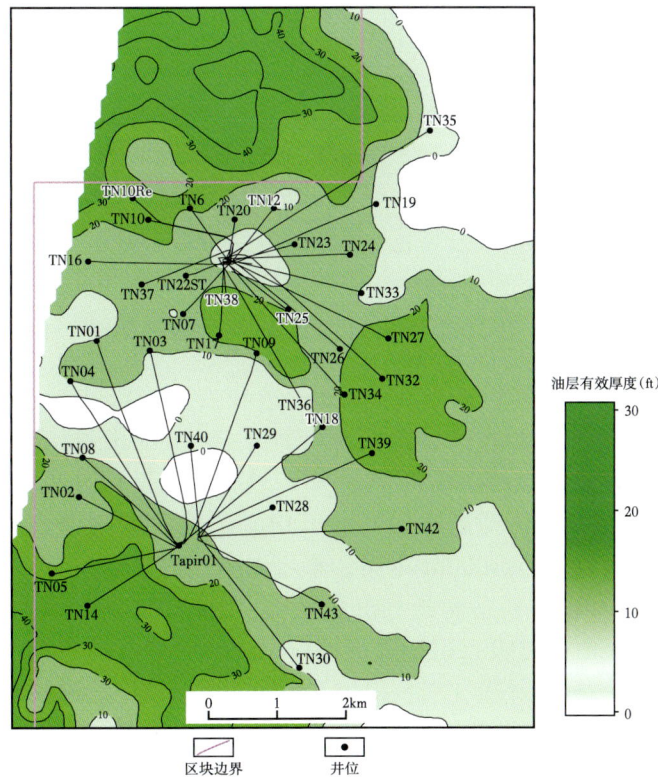

图 5-19 TN 油田 UT 亚段有效厚度图

125

利用 14 和 17 区块多工区叠后地震数据，采用构造趋势面驱动叠后连片一致性处理，基于时—频衰减高精度合成记录精确标定和解剖薄层反射特征，采用无井驱动的"稳态变时频子波"叠后宽频有效信号高分辨率处理技术，有效恢复了薄层弱反射系数，采用宽频地震相控波形约束反演，有效预测埋深3000m、厚度2~5m潮汐水道砂体（详见第四章第二节和第三节）。图5-20为TN油田M1砂岩地震相控波形反演切片，图中淡蓝色—绿色显示砂体发育部位，总体来说M1段砂体分布具有条带状分布特征。

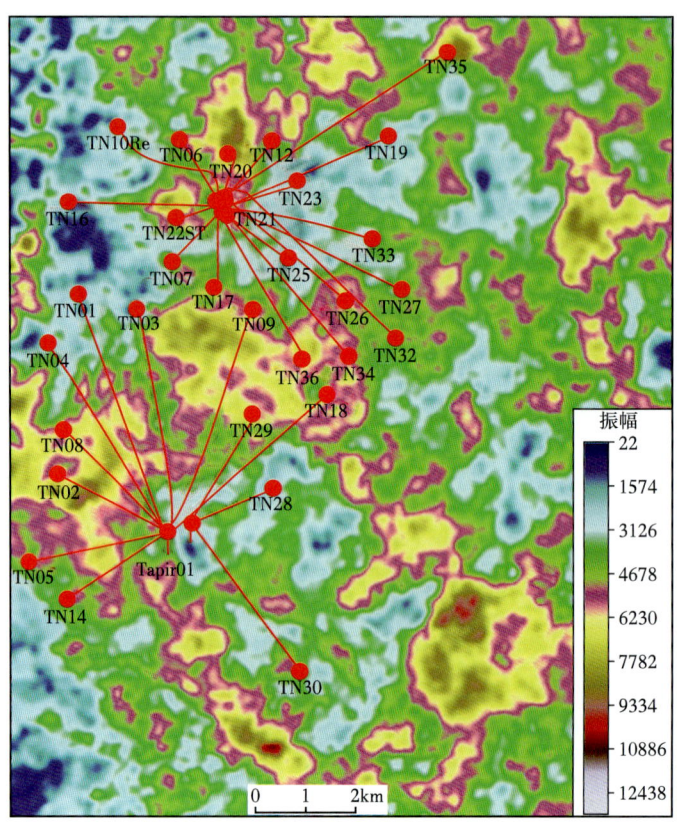

图 5-20 TN 油田 M1 砂岩宽频地震相控波形反演切片

区域沉积分析认为M1砂岩分布受Auca构造和古地形影响，尽管在一级构造脊上倾部位砂体尖灭，下倾部位砂体仍可能发育。邻区Horm油田位于二级构造脊，呈背斜构造，该油田M1段为障壁潮坪沉积环境[10-11]，最有利的砂岩分布在障壁岛斜坡部位的潮汐水道，呈细长条状斜交于障壁岛分布，其中心部位砂岩厚度大于5m，边缘则很快突变为泥岩，水道宽度在300~1000m之间，水道之间存在泥岩带[12-14]。类比TN油田和Horm油田，二者具有相似的构造背景和沉积环境，结合M1段潮汐水道沉积微相特征和相控波形反演进行约束地质建模，定量表征潮汐水道几何形态，在东南部斜坡带识别出4条潮汐水道砂体（图5-21），部署TN28和TN30两口外扩井，发现5m油层，单井日产油500bbl，实现了M1段超薄层砂岩油藏的开发突破。2020—2022年，针对M1段目的层在4条不同的潮汐水道部署的TN32、TN33、TN35、TN43等开发井全部获得成功。以LU亚段为目标层位部署的TN36、TN39和TN42等井，在M1段钻遇了潮道间泥岩带，从而进一步证实 M1 段为潮汐水道沉积的超薄层岩性油藏。TN 油田 M1 段油藏构造低部位滚动扩边，新增探明石油地质储量 $300×10^4$t。

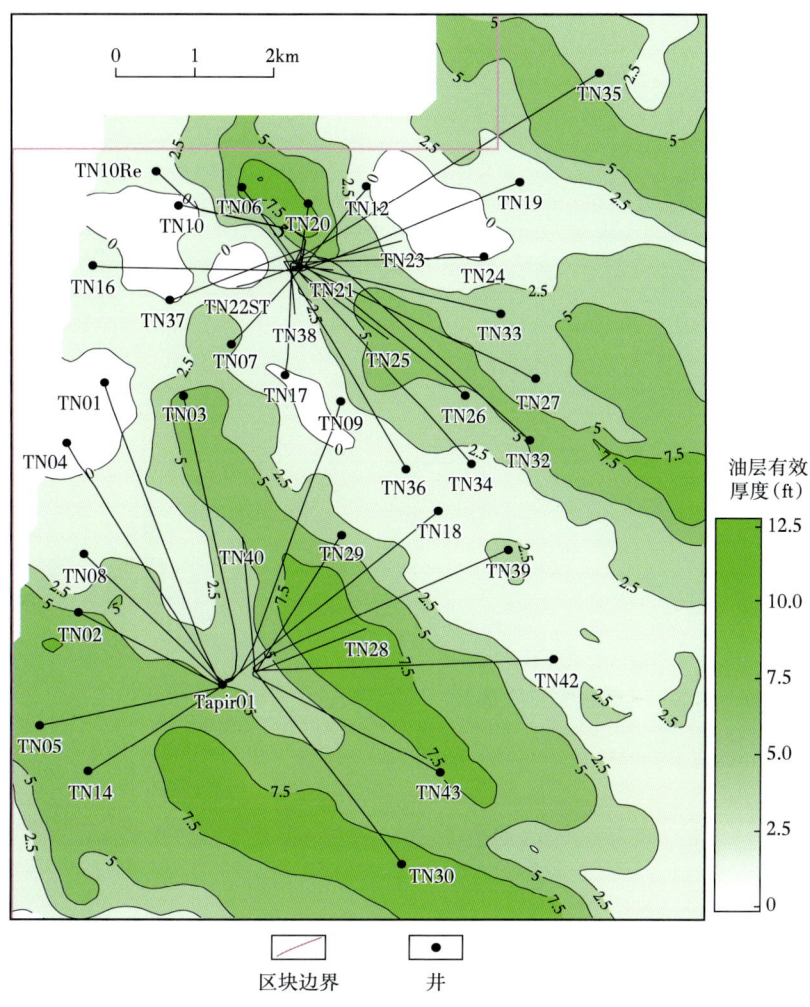

图 5-21 TN 油田 M1 油层有效厚度图

（6）滚动勘探开发成果。

TN 油田多层系隐蔽油藏滚动勘探开发取得成功，关键在于地质认识和地球物理技术的突破。地质认识方面：TN 油田区域构造位于盆地前渊带 Auca 大型背斜带南端，区块位于一级构造脊，是油气运移和聚集的指向区；M1 段和 LU 亚段沉积的潮汐水道石英砂岩及 UT 亚段中下部低含海绿石石英砂岩是优质储层；LU 亚段油藏为水动力成藏。地球物理技术方面：建立了富含海绿石石英砂岩测井解释模型，突破了低幅度构造识别成图和超薄储层预测技术。TN 油田勘探突破至滚动开发，含油面积从 2013 年的 $5km^2$ 扩大到 2023 年的 $11km^2$，并新增两个主力开发层系 UT 和 M1，探明石油地质储量从 $700×10^4$t 增长到 $2900×10^4$t，累计完钻新井 42 口，原油产量呈现快速上升趋势，2023 年峰值日产油达到 5000bbl。目前 TN 油田已成为南区产量最高的油田（图 5-22、图 5-23）。

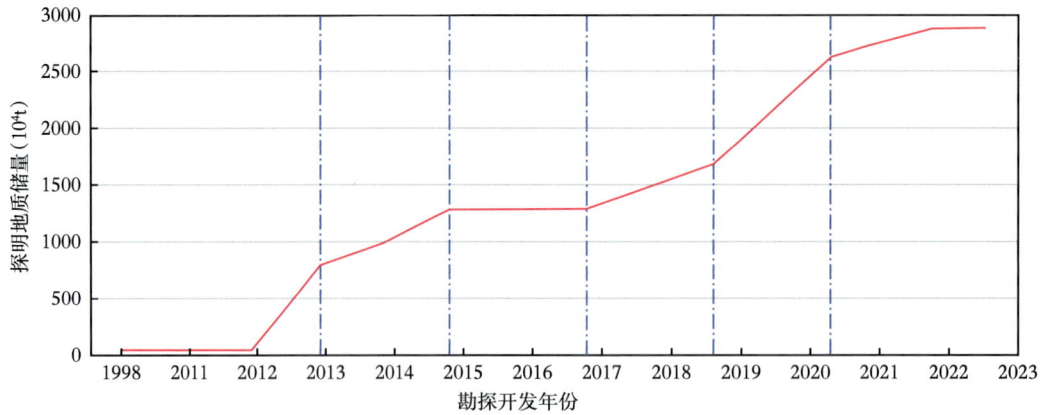

图 5-22 TN 油田滚动勘探开发储量增长趋势

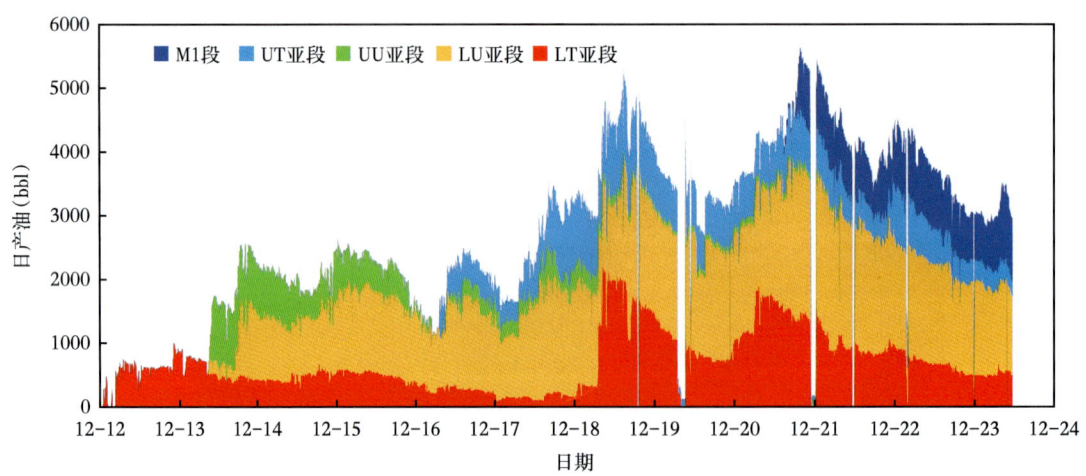

图 5-23 2021 年 12 月 TN 油田分层系产量构成图

参 考 文 献

[1] Aleman A M, Marksteiner R M. Mesozoic and Cenozoic tectonic evolution of the Maranon Basin in southeastern Colombia, eastern Ecuador and northeastern Peru [J]. Bulletin American Association of Petroleum Geologists, 1993, 77（2）: 301.

[2] 何彬, 陈诗望, 郝斐, 等. 厄瓜多尔 Oriente 盆地油气地质条件及成藏模式 [J]. 天然气技术与经济, 2014, 8（3）: 6-10, 77.

[3] 付志方, 高君, 孔凡军, 等. 奥连特盆地 17 区块南部差异性构造演化与非稳态油藏 [J]. 石油实验地质, 2019, 41（2）: 222-233.

[4] 吴丽艳, 陈春强, 江春明, 等. 浅谈我国油气勘探中的古地貌恢复技术 [J]. 石油天然气学报, 2005, 27（4）: 559-560.

[5] 丁增勇, 陈文学, 熊丽萍, 等. 厄瓜多尔奥连特盆地构造演化特征 [J]. 新疆石油地质, 2010, 31（2）: 211-215.

[6] 陈诗望,姜在兴,滕彬彬,等.厄瓜多尔奥连特盆地白垩系M1油藏沉积储层新认识[J].地学前缘,2012,19(1):182-186

[7] 王延章,林承焰,董春梅,等.夹层及物性遮挡带的成因及其对油藏的控制作用:以准噶尔盆地莫西庄地区三工河组为例[J].石油勘探与开发,2006,33(3):319-321,325.

[8] 王金铎,许淑梅,张关龙,等.准噶尔盆地腹部下侏罗统三工河组储层物性—含油性特征及主控因素分析[J].地质论评,2022,68(3):1129-1144.

[9] 刘芳.厄瓜多尔Oriente盆地中北部14和17区块白垩系Napo组T—U段层序地层和沉积体系研究[D].北京:中国地质大学(北京),2015.

[10] 陈诗望,姜在兴,田继军,等.厄瓜多尔Oriente盆地南部区块沉积特征[J].海洋石油,2008,28(1):31-35.

[11] Tan Xuequn, Chen Shiwang, Hong Taiyuan, et al. Production data-based facies analysis for well placement in thinlayered reservoir[J]. Energy Geoscience, 2022, 3(3): 219-234.

[12] 陈诗望,姜在兴,高彦楼,等.厄瓜多尔Oriente盆地南部区块沉积相模式及有利目标区预测[J].油气地质与采收率,2008,15(2):20-24.

[13] 刘慧盈,张克鑫,国殿斌,等.厄瓜多尔Oriente盆地DF油田白垩系M1层沉积特征[J].东北石油大学学报,2018,42(6):32-41.

[14] 丁增勇,陈文学.厄瓜多尔Oriente盆地Horm-Nantu油田Napo组潮坪微相研究[J].海洋地质与第四纪地质,2009,29(6):43-50.